NONGYAO
ZHISHI
JINGBIAN

农药知识精编

骆焱平 主编

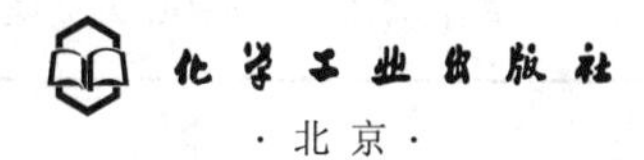

·北京·

内容简介

本书简明扼要地介绍了农药基础知识，以及生物农药、杀虫剂、杀螨剂、杀菌剂、除草剂、植物生长调节剂、杀鼠剂等农药相关知识，同时介绍了农药与环境安全、农药中毒急救知识。本书列出了722种农药问题呈现给广大读者，在普及农药知识的同时，重点介绍了农药的科学安全使用方法。

该书适合广大农户、农业科技工作者参考使用，也可作为科技下乡的专用图书和培训教材。

图书在版编目（CIP）数据

农药知识精编/骆焱平主编. —北京：化学工业出版社，2023.10

ISBN 978-7-122-43857-7

Ⅰ.①农… Ⅱ.①骆… Ⅲ.①农药-基本知识 Ⅳ.①S48

中国国家版本馆CIP数据核字（2023）第136963号

责任编辑：刘 军 冉海滢 孙高洁 文字编辑：李娇娇

责任校对：李 爽 装帧设计：王晓宇

出版发行：化学工业出版社

（北京市东城区青年湖南街13号 邮政编码100011）

印 装：大厂聚鑫印刷有限责任公司

880mm×1230mm 1/32 印张8 3/4 字数226千字

2024年1月北京第1版第1次印刷

购书咨询：010-64518888 售后服务：010-64518899

网 址：http://www.cip.com.cn

凡购买本书，如有缺损质量问题，本社销售中心负责调换。

定 价：36.00元

本书编写人员名单

主　　编　骆焱平

副 主 编　王兰英　张云飞　张淑静

编写人员（按姓名汉语拼音排序）

董存柱　付建涛　高陆思　刘诗诗

骆焱平　王兰英　邢谷美　杨育红

张曼丽　张淑静　张云飞　赵　旭

前言

农药在防治病、虫、草、鼠危害，保护作物稳产增收方面发挥了重要作用。随着世界人口的不断增加，人类对粮食需求也在不断增加，农药将继续发挥其应有的作用。然而，随着人们生活水平提高，人类对粮食安全的要求越来越严格，高效、低毒、低残留农药越来越受到人们的青睐。由此，要求广大农户应了解农药，认识农药，安全合理使用农药。

经过70年的发展，我国农药从无到有，从小到大，从弱到强。现如今，我国已成为世界农药第一生产大国、第一使用大国。随着国家对生态环境的重视、老百姓对农产品质量安全的关注，农药的使用要求越来越严格和规范。我国于2014年启动“双减（减肥减药）”行动，已于2020年实现了农药使用量零增长的目标。随着“十四五”规划的实施，我国将进一步推进实施农药减量行动和绿色防控，示范引领化学农药使用减量化。

因此，为了让读者更好地了解农药、认识农药、安全合理使用农药，我们及时编写了《农药知识精编》。本书突出了农药使用的安全、环保和绿色理念，将生物农药独立成章，同时增加补充近年来登记的农药品种。该书将相关农药知识以通俗易懂、简明扼要的形式呈现出来，尽量避免专业性强的术语描述，既方便读者阅读，又能指导农户安全选择农药、合理使用农药。

本书第一章、第二章、第十章由骆焱平编写，第三章、第五章、第九章由张云飞编写，第四章、第六章、第十一章由王兰英编写，第七章、第八章和附录由张淑静编写。其他人员参与本书资料收集、整理、文字编辑与校对工作。

本书出版得到海南省科技专项资助（ZDYF2022XDNY138）和国家自然科学基金项目（32260685）的资助。

由于编者水平有限，不足之处在所难免，敬请读者批评指正。

编者

2023年8月

目录

第一章

农药基础知识

1. 农药

农药是指用于预防、控制危害农业、林业的病、虫、草和其他有害生物以及有目的地调节植物、昆虫生长的化学合成或者来源于生物、其他天然物质的一种物质或者几种物质的混合物及其制剂。它包括用于不同目的、场所的下列各类:

（1）预防、控制危害农业、林业的病、虫（包括昆虫、蜱、螨）、草、鼠、软体动物和其他有害生物;

（2）预防、控制仓储以及加工场所的病、虫、鼠和其他有害生物;

（3）调节植物、昆虫生长;

（4）农业、林业产品防腐或者保鲜;

（5）预防、控制蚊、蝇、蜚蠊、鼠和其他有害生物;

（6）预防、控制危害河流堤坝、铁路、码头、机场、建筑物和其他场所的有害生物。

其中新农药，指含有的有效成分尚未在我国登记的农药。

卫生用农药，指用于预防、控制危害人类生活环境和养殖动物生存、生长环境的蚊、蝇、蜚蠊、蚂蚁和其他有害生物的农药。

2. 假农药

以非农药冒充农药或者以此种农药冒充他种农药的；所含有效成分与经核准的产品标签、说明书上标注的农药有效成分不符的。未取得农药登记证的农药和禁用的农药，按照假农药处理。

3. 劣质农药

不符合农药产品质量标准的；失去使用效能的；混有导致药害等有害

成分的；超过农药质量保证期的。

4. 化学农药

是由天然的无机物或人工合成的各种有机化合物制备的农药，又分为无机农药和有机合成农药。其中无机农药主要是由天然矿物质原料加工、配制而成的农药，又称为矿物性农药，如波尔多液、石硫合剂、生石灰（CaO）、硫黄（S）、磷化铝（AlP_3）、硫酸铜（$CuSO_4$）等。有机合成农药是用化学手段工业化合成生产的可作为农药使用的有机化合物。

5. 农药分哪些类别

根据原料来源可分为无机农药、有机农药、生物农药。

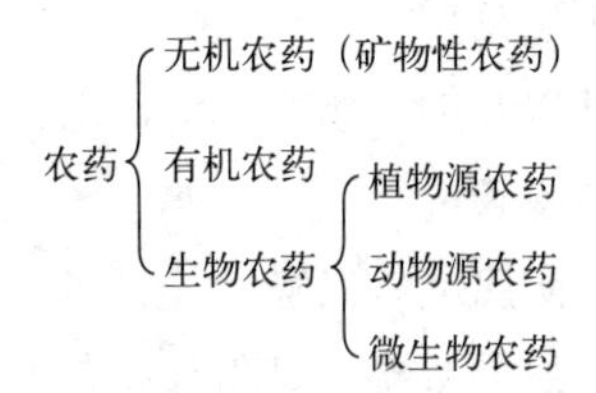

根据防治对象，可分为杀虫剂、杀菌剂、杀螨剂、杀线虫剂、杀鼠剂、除草剂、脱叶剂、植物生长调节剂等。

根据加工剂型可分为可湿性粉剂、可溶粉剂、乳剂、乳油、浓乳剂、乳膏、糊剂、胶体剂、熏烟剂、熏蒸剂、烟雾剂、油剂、颗粒剂、微粒剂等。

6. 基因工程农药

利用现代生物技术，将人们期望的目标基因，经过人工分离、重组后，导入并整合到作物的基因组中，从而改善作物原有的性状，达到保护作物抵抗病虫草害等的胁迫作用。实际上该农药属于植物体农药的范畴。

7. RNAi 农药

通过一段单链或双链的多核苷酸片段，特异性结合靶标生物中的特定基因转录的信使RNA，通过靶标生物体内天然存在的小核酸干扰通路，造成转录体的降解或翻译的抑制，从而干扰靶标生物的正常生长，减轻其对寄主作物的危害，最终达到防控有害生物、保护作物的目的。

8. 纳米农药的定义

指基于纳米技术手段构建的实体粒径大小位于1000nm之内且具有小尺度物质大比表面、高透过性等独特性质的一种农药新剂型。

9. 纳米农药的类别

依据活性成分、组成及缓释能力可将纳米农药分为以下四个类别：

（1）活性纳米材料　具有杀虫、抗菌等农用活性的单一或复合纳米材料。

（2）纳米级乳液　将难溶的农药分子溶于有机溶剂中，随后在表面活性剂的作用下该分子分散到水中而形成的纳米尺寸的液滴。

（3）非包覆型纳米农药　利用研磨、结晶分散等物理学方法直接将农药分子制备为纳米级颗粒或纳米晶粒。

（4）农药纳米封装体　利用纳米封装技术通过化学键合、物理吸附、包埋和自组装等方式装载农药分子，从而形成纳米级农药-材料复合体。

10. 纳米载体的类型

农药纳米载体可分为柔性基质载体、刚性基质载体和复合基质载体。

柔性基质载体包括多种人工合成聚合物和天然大分子物质。天然大分子物质主要包括壳聚糖、海藻酸钠等聚多糖，大豆磷脂等脂质类，玉米蛋白、乳清蛋白等蛋白质。

刚性基质载体包括介孔二氧化硅纳米颗粒、天然硅酸盐黏土矿物、碳纳米材料等。

复合基质载体是由柔性基质载体和刚性基质载体复合而成的载体，同时具有两者的优点。

11. 农药在纳米载体中的装载方式及纳米农药的形貌

农药分子可以通过化学键合装载至纳米载体的表面，也可以通过静电引力、疏水作用、π-π堆叠等物理作用吸附到载体的表面或内部，也可以被包裹在纳米胶囊的核中，形成纳米颗粒、纳米胶囊、纳米胶束、纳米凝胶、纳米纤维、纳米棒等多种形貌。

12. 纳米农药的优势

（1）改善农药分子的理化性质，包括水溶性、稳定性等；

（2）有利于农药分子的铺展、黏附和渗透，提高其对靶沉积效率；

（3）具备缓控释能力，延长农药的持效期；

（4）降低农药分子对非靶标生物的毒性及对环境的不利影响。

13. 纳米技术在农药领域的应用

（1）农药的传输和控释载体；

（2）农药检测的纳米传感器；

（3）农药分子合成或降解的催化剂载体；

（4）转基因植物的转化载体；

（5）环境中农药污染物的吸附载体；

（6）植物生长、免疫诱导及营养调节作用。

14. 绿色农药

对人类健康安全无害、对环境友好、用量超低、高选择性，以及通过绿色工艺流程生产出来的农药。

15. 无公害农药

指用药量少，防治效果好，对人畜及各种有益生物毒性小或无毒，要求在外界环境中易于分解，不造成对环境及农产品污染的高效、低毒、低残留农药。包括生物源、矿物源（无机）、有机合成农药等。昆虫信息素、拒食剂和生长发育抑制剂属于此类。

16. 专一性农药

指专门对某一两种病、虫、草害有效的农药。如抗蚜威只对某些蚜虫有效；井冈霉素只对水稻纹枯病、小麦纹枯病有效；敌稗只对稗草有效。专一性农药有高度的选择性。

17. 广谱性农药

针对杀虫、治病、除草等几类主要农药各自的防治谱而言，如一种杀虫剂可以防治多种害虫，则称其为广谱性杀虫剂。同理可以定义广谱性杀菌剂与广谱性除草剂。

18. 农药的毒力

指农药对病、虫、草等有害生物毒杀效力的大小，常用半数致死量、半数致死浓度、有效中量、有效中浓度等来表示和比较。毒力测定一般在室内相对严格控制条件下进行，所测结果一般不能直接用于田间。

半数致死量（LD_{50}）指在一定条件下，可致供试生物半数死亡的药剂剂量。单位为mg/kg。

半数致死浓度（LC_{50}）指在一定条件下，可致供试生物半数死亡的药剂浓度。单位为mg/L。

有效中量（ED_{50}）指在一定条件下，对50%供试生物产生效果的药剂剂量。

有效中浓度（EC_{50}）指在一定条件下，对50%供试生物产生效果的药剂浓度。

19. 农药的药效

在综合条件下，某种药剂对某种生物作用的大小，也称为防治效果。药效多是在田间条件下或在接近田间条件下紧密结合生产实际进行测试的结果。

20. 农药原药

由化工厂合成的未经加工的具有高含量有效成分的农药称为原药。固体的原药称为原粉；液体的原药称为原油。

21. 农药加工

在原药中加入适当的辅助剂，制成便于使用的形态。农药原药中除少数挥发性大的和水中溶解度大的可以直接使用外，绝大多数必须加工成各种剂型使用。

22. 农药加工的意义

赋予农药原药以特定的稳定的形态，便于流通和使用；将高浓度的原药稀释至对有害生物有毒，而对环境不造成危害的程度；使农药获得特定的物理性能和质量规格；使原药达到最高的稳定性，以获得良好的“货架寿命”；能使一种原药加工成多种剂型及制剂，扩大使用方式和用途；能将高毒农药加工成低毒剂型及其制剂，以提高对施药者的安全性；加工成缓释剂，可控制有效成分缓慢释放，提高对施药者的安全性，减少对环境的污染；混合制剂具有兼治、延缓抗药性发展、提高安全性的作用等。

23. 农药制剂

由原药与辅助成分制得的产品，具有一定的形态、组成及规格，称为农药制剂。制剂由三部分组成，有效成分的质量百分含量（%）、有效成分的通用名称和剂型。

24. 农药剂型

制剂的形态叫做农药剂型，如粒剂、粉剂、可湿性粉剂、乳油、悬浮剂、水乳剂、颗粒剂、水分散粒剂、缓释剂、热雾剂、种衣剂等。

25. 农药助剂

填料：用来稀释农药原药以减少原药用量、改善物理状态，使原药便于机械粉碎，增加原药的分散性，是制造粉剂或可湿性粉剂的填充物质，如黏土、陶土、高岭土、硅藻土、叶蜡石、滑石粉等。

湿润剂：可以降低水的表面张力，使水易于在固体表面湿润与展布的助剂，如纸浆废液、洗衣粉等。

乳化剂：能使原来不相溶的两相液体（如油和水）中的一相以极小的液球稳定分散在另一相液体中，形成不透明或半透明乳浊液，如双甘油月桂酸钠、蓖麻油聚氧乙基醚、烷基苯基聚乙基醚等。

分散剂：能提高和改善药剂分散性能的农药助剂。分为两种：农药原药的分散剂和防止粉粒絮结的分散剂，如硅藻土、二氧化硅、多种表面活性剂等。

渗透剂：能够促进农药有效成分进入植物或靶标对象内部的润湿助剂，如渗透剂T、脂肪醇聚氧乙烯醚等。

黏着剂：能增强农药对固体表面黏着性能的助剂，药剂黏着性提高农药耐雨水冲洗性，提高残效期。如在粉剂中加入适量黏度较大的矿物油；在液剂农药中加入适量的淀粉糊、明胶等。

稳定剂：能防止农药在贮存过程中有效成分分解或物理性能变坏的助剂。按作用性能分为两大类：有效成分稳定剂，又称抗分解剂或防解剂，包括抗氧化剂、抗光解剂、减活性剂等。如某些偶氮化合物可作为菊酯类农药的抗光解剂；某些醇类、环氧化合物、酸酐类等可作为有机磷、氨基甲酸酯、菊酯类农药的抗氧化剂等。制剂性能稳定剂，其功能是防止农药制剂物理性质变劣，主要有防止粉剂絮结和悬浮剂、可湿性粉剂悬浮率降低的抗凝剂，如烷基苯磺酸钠、聚氧乙烯醚等。

增效剂：自身基本没有杀虫、杀菌作用，但能使原药提高杀虫、杀菌效力的助剂，如增效醚（TTP）、增效磷、增效酯、增效胺等。

安全剂：又称为除草剂解毒剂，其作用是降低或消除除草剂对作物的药害，可以提高除草剂使用时的安全性。

26. 粉剂的特征

由农药原药和填料组成，经过粉碎，形成产品。一般含量0.5%～10%。粉粒细度95%通过200目筛，水分含量小于1.5%，pH 5～9。粉剂分无漂移粉剂、超微粉剂。粉剂使用特点:

（1）粉剂不被水湿润，也不分散或悬浮在水中，故不能加水喷雾用；

（2）粉剂使用方便，适于干旱缺水地区使用；

（3）成本低、价格便宜，但附着性差，其残效期比可湿性粉剂、乳油等短，而且易污染环境；

（4）粉剂因粉粒细小，易附着在虫体或植株上，而且分散均匀，易被害虫取食，防效好。

27. 粒剂的特征

由原药、载体、助剂制成粒状制剂。分为大粒剂、颗粒剂、微粒剂、细微粒剂。水分小于3%；颗粒完整率≥85%。粒剂具有如下特点:

（1）使高毒农药品种低毒化使用。

（2）可控制药剂有效成分缓慢释放，延长持效期。

（3）减少环境污染，避免杀伤天敌，减轻对作物的药害风险。

28. 水分散粒剂的特征

又称干悬浮剂或粒型可湿性粉剂，由活性成分、湿润剂、分散剂、崩解剂、稳定剂、黏结剂及载体等组成。在水中能较快地崩解、分散，形成高悬浮的制剂。

29. 可湿性粉剂的特征

由农药原药、填料、湿润剂、混合物加工而成，可分散于水中形成悬浮液施用。要求99.5%通过200目筛；湿润时间小于15min；悬浮率为70%；水分在3%以下，pH 5～9。

30. 可溶粉剂的特征

由水溶性原药、填料和其他助剂混合物加工而成，为可完全溶于水中的粉状剂型。要求水分含量不超过3%，在水中溶解时间一般小于2～3min。

31. 乳油的特征

由农药原药、有机溶剂、乳化剂组成。乳油中有效成分含量有两种表示方法：一种是用质量/质量百分数表示，记作g/kg；另一种是用质量/体积表示，记作g/L。

32. 微乳剂的特征

由油溶性原药、乳化剂和水组成的外观透明的均相液体剂型。粒径为0.01～0.1μm。由于需要使用极性溶剂配制，因而其发展受到限制。

33. 水乳剂的特征

将液体农药或与溶剂混合制得的液体农药原药以0.5～1.5μm的小液滴分散于水中的制剂。为乳白色牛奶状液体。水乳剂实际上是一种浓缩的乳状液，又称浓乳剂。该剂型对环境友好，国家积极提倡。

34. 悬浮剂的特征

由不溶于水或难溶于水或有机溶剂的固体农药原药、分散剂、湿展剂、载体、消泡剂、水（油）经砂磨机进行超微粉碎后制成的剂型。悬浮剂分为水悬浮剂和油悬浮剂两种。水悬浮剂是水作溶剂。油悬浮剂是以油类为主要溶剂，不含水。

35. 缓释剂的特征

缓释剂是利用控制释放技术，将原药通过物理的、化学的加工方法贮存于农药的加工品之中，制成可使有效成分缓慢释放的制剂。物理型缓释剂，主要是利用包衣封闭与渗透、吸附与扩散、溶解与解析等基本原理而制成；化学型缓释剂，是使用带有羟基、羧基或氨基等活性基团的农药与一种有活性基团的载体，经过化学反应结合到载体上去而制成。

36. 种衣剂的特征

将在干燥或湿润状态的植物种子，用含有黏结剂的农药包覆，使之形成具有一定功能（防虫、治病、施肥）和包覆强度的保护层，此过程被称之为种子包衣，而把包在种子外的组合物称之为种衣剂。种衣剂主要供种子生产企业制造并出售。

37. 农药命名基本原则

（1）有效成分种类相同的农药混配制剂使用同一简化通用名称。

（2）简化通用名称应当简短、易懂、便于记忆、不易引起歧义，一般由2～5个汉字组成。

（3）混配制剂简化通用名称一般按以下原则命名：

① 由产品中有效成分的通用名称全称、通用名称的词头或可代表有效成分的关键词组合而成。

同一有效成分不同形式的盐或相同化学结构的不同异构体，在简化通用名称中可以使用同一词头或关键词，不同之处在标签有效成分栏目中体现。

② 有效成分的通用名称、词头或关键词之间插入间隔号，以反映混配制剂中有效成分种类的数量。

③ 有效成分的词头或关键词按照通用名称汉语拼音顺序排序。简化通用名称含有某种有效成分通用名称全称的，应当将其置于简化通用名称的最后。

④ 简化通用名称应当尽量含有一种有效成分的通用名称全称，其选取基本原则如下：

a. 通用名称为2～3个汉字；

b. 与产品中其他有效成分相比，所选取的有效成分在我国生产、使用量相对较大；

c. 与产品中其他有效成分相比，所选取的有效成分在产品中所占的比例相对较大，或者潜在风险较高。

（4）按照（3）命名导致简化通用名称与（2）的要求不相符的，按照以下顺序确定简化通用名称：

① 调换有效成分通用名称的词头或关键词的排列顺序；

② 以产品中所含有效成分通用名称的文字为基础，针对该种有效成分混配组合，调换有效成分通用名称的词头或可代表有效成分的关键词及其排列顺序；

③ 针对该种有效成分混配组合，选取与产品中所含有效成分通用名称无关的文字作为该种有效成分通用名称的代表关键词，其排列顺序也可以调整。

（5）简化通用名称不得有下列情形之一：

① 容易与医药、兽药、化妆品、洗涤品、食品、食品添加剂、饮料、保健品等名称混淆的；

② 容易与农药有效成分的通用名称、俗称、剂型名称混淆的。

38. 农药的施用方法

指把农药施用到目标物上所采用的各种施药技术措施。可分为喷粉法、喷雾法、土壤处理法、拌种和浸种（苗）法、毒谷、毒饵和毒土、种子处理法、熏蒸法、熏烟法、烟雾法、施粒法、飞机施药法、种子包衣技术、控制释放施药技术等。

39. 影响喷粉效果的因素

（1）粉剂的理化性质对喷粉质量的影响。呈疏松状态的粉剂，喷出后，会出现一定程度的絮结，有利于粉剂的沉积，但降低了粉剂在受药表面的分散度。超细粉粒，容易引起粉尘飘移；露水天或雨后，有助于粉粒在植物表面的黏附。

（2）机械性能与操作方法对粉剂均匀分布的影响。喷粉要将粉剂均匀地喷施到每一地段的作物上。

（3）环境因素对喷粉质量的影响。喷粉时间，一般以早晚有露水时效果较好，因为药粉可以更好地黏附在植物或有害物上；喷粉应在无风、无上升气流或在1～2级风速下进行，不应顶风喷撒，喷后一天内下雨则需补喷。

40. 喷雾法

喷雾法就是在外界条件的作用下，使农药药液雾化并均匀地沉降和覆盖于喷布对象表面的一种农药施用方法。农药制剂中除超低容量喷雾剂不需加水稀释而直接喷雾外，可供液态使用的其他农药剂型如乳油、可湿性粉剂、可溶液剂、水分散粒剂、胶体剂、悬浮剂以及可溶粉剂等。常用喷雾器有手动喷雾器、电动喷雾器、弥雾机、无人机喷雾等。根据单位面积施用的药液量分为常规喷雾技术、低容量喷雾技术和超低容量喷雾技术。根据喷雾方式分为针对性喷雾、飘移喷雾法、静电喷雾技术、弥雾技术等。

41. 喷雾对水质的要求

水的硬度是指水中溶解的钙盐、镁盐的量，即每100mL中含氧化钙1mg，称为1度，硬度100度以下，通常称为软水，大于100度者为硬水。农药加水稀释时，都要选用软水，这是由于硬度高的水（如某些地区井水、泉水、海水等）含有较多的钙、镁等无机盐类，硬度都在200度左右，如果用这些水稀释农药，则硬水中的钙、镁等物质会降低可湿性粉剂的悬浮度，或与乳油中的乳化剂化合生成钙、镁等沉淀物，从而破坏乳油的乳化性，这样不但降低农药的防治效果，还会使农作物产生药害。

为了抵抗水中无机盐产生的硬度对农药喷洒液的不良影响，在乳油、可湿性粉剂、悬浮剂等产品中都添加适宜的助剂，使之能抵抗硬水的不良影响。例如，检验乳油的乳化性能所使用的水为342mg/L标准硬水，乳油在这种硬水中乳化性能合格，才算达到标准。而一般河水、湖水、江水等水中含钙、镁等物质较少，硬度一般都在100度以下，这种软水不会破坏被稀释药剂的性能和降低防效。

42. 影响喷雾效果的因素

（1）剂型的质量（主要指悬浮性、稳定性、湿润性和展着性）越好，防治效果越好。

（2）雾滴越细，在植物表面分布越均匀，但是细小的雾滴受外界条件的影响容易飘移，影响防治效果。雾滴太大易于沉降，但分布不均匀，所以雾滴大小要适中。

（3）害虫体表的结构及喷雾技术。

（4）气象条件。

43. 影响土壤处理效果的因素

土壤处理效果的好坏首先与土壤的酸碱度有关，中性土壤最好。其次，与处理时的土壤温度有关。再者与药剂的理化性质有关，即与药剂在土壤中的渗透性和扩散性有关。一般说来，蒸气压较高的药剂，在土壤中易于扩散。该法有利于保护天敌，但是药剂容易流失。目前主要用于处理苗床、植穴、根部周围的土壤。

44. 影响拌种和浸种效果的因素

将药粉与种子拌匀，使每粒种子外面都覆盖一层药粉，这是防治种子传染病害及地下害虫的方法。常用拌种药剂为高浓度粉剂、可湿性粉剂、乳油等。或把种子（种苗）浸泡在药液中，过一定时间后捞出来，直接杀死种子（种苗）上携带的病原菌。药液浓度和药液温度不要过高，浸种时间应按农药说明书的要求严格掌握，时间过长影响种子的萌发，也容易产生药害。

45. 航空施药法

指用飞机或其他飞行器将农药制剂从空中均匀撒施在目标区域内的施药方法。可分为有人驾驶和无人机两类。该方法的优点是不受地形地貌的限制，作业效率高；缺点是受气候条件限制，药剂飘移严重。

46. 农药精准施用技术

利用现代农林生产工艺和先进技术，设计在自然环境中基于实时视觉传感或基于地图的农药精准施用方法，包括目标信息的采集、目标识别、施药决策、可变量的喷雾执行等技术。该技术可以采用人工智能自动化系统完成，功效高，作业面大；同时能节约农药的施用量，减少农药对环境的影响。

47. 农药的科学使用原则

掌握有害物的生物学特性是科学用药的基础；选择合适的剂型和施药方法是科学用药的前提；选择最佳防治时期，适时用药；掌握好用药量，防止药害；合理混用农药，提高药效；合理交替，轮换使用农药，减少抗药性发生。

48. 害虫的生物学特性

害虫从卵到成虫需要经历几个发育阶段，各阶段对农药的敏感度不同。卵期、蛹期不活动，又有外壳保护，许多杀虫剂对其杀伤力较小。而若虫或幼虫、成虫阶段，生理活动强烈，取食、迁移活动频繁，很容易接触杀虫剂而受到杀灭。其中，幼龄幼虫对农药敏感，易于防治；老龄幼虫抗药性增强，选择初孵时期用药就会事半功倍，因此，各级病虫预测预报站常常把这个时期定为最佳防治期。成虫大多有趋光性，有的成虫对糖醋混合液趋性强，因而常用灯光及糖醋液诱杀成虫。一般而言，防治咀嚼式口器害虫可用胃毒剂；防治刺吸式害虫可用触杀或内吸性杀虫剂，胃毒剂不能发挥作用；熏蒸杀虫剂有强大挥发性、渗透力，常用来防治仓储害虫或地下害虫。防治夜出害虫或卷叶害虫以傍晚施药效果较好。

49. 病害的生物学特性

各种病害入侵部位和病害扩展方式不同，防治方法不一样。土壤传播的病害（如枯萎病），只有对土壤进行处理才能奏效；种子带菌传播的病害，常用种子处理方法防治；植株上侵染的病害，大多采用喷雾、喷粉法防治。同是杀菌剂，有的对真菌性病害有效，有的对细菌性病害有效。病害方面，病原菌休眠孢子抗药力强，孢子萌发时抗药力减弱。充分了解这些特性，有助于开展防治工作。

50. 杂草的生物学特性

除草剂灭草原理主要是利用植物不同的形态特征、不同的生理特性、不同的空间分布、不同的生长时差进行除草。单子叶杂草（如禾本科）叶片竖立、叶面积小，表面角质层、蜡质层厚，生长点被多层叶鞘所保护，除草剂不易被吸附或黏附量极少；双子叶杂草叶片平伸，叶面积大，表面角质层和蜡质层薄，生长点裸露，除草剂易被黏附或黏附量大，形成了受药量的较大差别。此种情况下，除草剂主要利用杂草不同形态来开展防除工作。

51. 如何选择剂型和施药方法

粉剂使用简单，功效高，可直接使用，但缺点是粉尘随大气飘移，容易对环境造成污染，一般风速达到1m/s就不适于喷粉。可湿性粉剂在水中有较好的悬浮率，喷在叶面能湿润作物表面，扩大展布面积，该剂型不用有机溶剂和乳化剂，包装、运输费用低，耐储存，是一种常见剂型。乳油、浓乳剂、微乳剂的特点是农药分散度高，作为喷雾剂型应用广泛。胶悬剂比可湿性粉剂分散度更高，粒径更细，在水中的悬浮性明显高于可湿性粉剂，防治效果一般比可湿性粉剂要好。水剂直接兑水使用，成本低，缺点是不耐贮藏，易水解失效，湿润性差，残效期短。油剂常用于超低容量喷雾，不需稀释而直接喷洒，一般油剂挥发性低、黏度低、闪点高、对人畜安全。烟雾剂通过点燃药物后农药有效成分因受热而气化，在空中受冷后凝结成固体微粒沉积到植物上而防治病虫，用于空间密封的场所如森林、仓库、温室、大棚。

一般来说，可湿性粉剂、乳油、悬浮剂等，以喷雾、浇灌法为主；颗粒剂以撒施或深层施药为主；粉剂，采用喷粉、撒毒土法等；触杀性农药以喷雾为主；危害叶片的害虫以喷雾和喷粉为主；钻蛀性害虫或危害作物基部的害虫以浇灌或撒毒土为主。

叶面喷雾用的杀菌剂，一般以油为介质的剂型对杀菌作用的发挥并无好处，因为杀菌剂借助溶解在叶面水膜中的杀菌剂分子对病原菌细胞壁和细胞膜进行渗透，并不需要油质有机溶剂的协助，油质有机溶剂甚至反而会妨碍药剂分子的扩散渗透和内吸作用，所以宜选择悬浮剂或可湿性粉剂。叶面喷洒用的除草剂，因杂草叶片表面有一层蜡质层，含有机溶剂的乳油、浓乳剂、悬乳剂等剂型都可以选用；具有良好润湿和渗透作用的可湿性粉剂、悬浮剂等剂型也可选用；施用于水田田泥或土壤中的除草剂，以颗粒剂和其他能配制毒土的剂型用得比较多。

52. 温度如何影响农药的施用

农作物在炎热的天气中生命力旺盛，叶子的气孔开放多而大，药剂喷上去容易侵入到作物体内，产生药害，同时，高温容易促进药剂的分解和农药有效成分的挥发，使施药人员更容易中毒，所以在炎热高温的天气条件下，尽可能不施药，尤其是中午不要施药，以防发生药害和施药人员中毒事故。农药施用的时间应选在晴天，早上10点前和下午4点以后。

另外，高温季节，病虫活动有一定规律特点。许多害虫有喜阴避阳的习性，往往集中于植株下部丛间或叶背，病害则多从叶背气孔和下部叶片侵入。同时，在高温季节，病虫害繁殖扩散速度较快，病虫害的抗药性也会增强。所以，在高温季节施药时，要根据病虫害的危害特征，合理确定喷药部位，掌握最佳的喷药时机，并注重检查药效，适当更换农药，降低病虫害的抗药性，提高防治效果。

大多数农药的适宜施药温度是20 ～ 30℃，温度过低不利于药效的发挥；温度过高会促使药剂分解，残效期短。挥发性强的农药或负温度系数的杀虫剂，则不宜在高温下使用，如拟除虫菊酯类杀虫剂。

53. 提高雨季施药效果的措施

（1）选择合适的农药品种

① 选用内吸性农药。内吸性农药可以通过植物根、茎、叶等进入植

株体内，并输入到其他部位。具有迅速传导作用的硫菌灵、多菌灵、粉锈宁、杀虫双等，及除草剂乙草胺、精喹禾灵、草甘膦等，这些内吸性农药施用后数小时，大部分被植物吸收到组织内部，其药效受降雨的影响较小。无传导作用的高效氯氟氰菊酯、灭幼脲、代森铵等在作物表面上具有较强的渗透力和抗冲刷力，也适合雨季施用。

② 选用速效农药。选用速效农药能够在短时间内大量杀死害虫，达到防治目的，从而避免雨水的影响。如抗蚜威，施用后数分钟即可杀死作物上的蚜虫。辛硫磷、菊酯类农药，具有很强的触杀作用，在施用后1～2h之内就可杀死大量害虫，且杀虫率高。

③ 选用微生物农药。化学农药在雨季施用或多或少会降低药效，但微生物农药相反，连绵阴雨天反而会提高其药效。如在干燥条件下施用微生物农药效果不理想，在高湿情况下，尤其是在雨水或露水存在时，其孢子或菌体萌发，繁殖速度加快，杀虫作用才会提高。常用的微生物农药有白僵菌、青虫菌等。

（2）在药液中加黏着剂和辅助增效剂　配制药液时，适量加些洗衣粉或皂角液等黏着剂，能增强农药在作物及害虫体表的附着力，施药后遇中小雨也不易把药剂冲刷掉。如在粉剂中加入适量黏度较大的矿物油或植物油、豆粉、淀粉等，可明显提高黏着性。在可湿性粉剂或悬浮液中加入水溶性黏着剂，如各种动物骨胶、树胶、纸浆废液、废糖蜜以及聚乙烯醇等合成黏着剂，耐雨水冲刷能力增强。

54. 农药混用的优点

（1）延缓和治理抗药性。作用机制不同的农药混用，对已产生抗药性的害虫可以有很好的防治效果，对还没有产生抗性的害虫，又可起到延缓和治理抗药性的作用，延长农药的使用寿命。

（2）拓宽农药防治谱。农药混用的各单剂之间可以取长补短、优势互补，从而扩大农药的防治谱和使用范围。

（3）增效作用。目前许多害虫如棉蚜、棉铃虫对拟除虫菊酯杀虫剂抗性非常严重，但有机磷、氨基甲酸酯、甲脒类等杀虫剂与拟除虫菊酯类混用，都表现出对其有明显的增效作用。昆虫对拟除虫菊酯类杀虫剂产生抗性的原因之一是多功能氧化酶（MFO）活性增高，而有机磷农药如辛硫磷可以抑制MFO，因此混用能表现出明显增效作用。杀菌剂中，抗生素类、硫黄以及一些非内吸性的保护性杀菌剂与内吸性杀菌剂混用，也常表现出增效作用。

（4）降低使用时的毒性、药害或残留量。高毒与低毒农药品种混用，若无增毒现象，则比高毒农药单剂使用安全，有时这种安全性的提高，超过了减少用量所能达到的程度。

（5）节省药剂用量，降低防治成本。一般可降低用药量20%～30%，此外还能简化防治程序，这也是合理用药和节约用药量现实可行的措施。

55. 农药混用的原则

农药混用的目的是增效、兼治和扩大防治对象。农药混合后不应发生物理、化学性质的变化，作物不应出现药害现象，不应降低药效，不应增加急性毒性。

（1）发生酸碱反应的农药避免混用。常见的有机磷酸酯、氨基甲酸酯、拟除虫菊酯类杀虫剂，有效成分都是“酯”，在碱性介质中容易水解；福美、代森等二硫代氨基甲酸酯类杀菌剂在碱性介质中会发生复杂的化学变化而被破坏。有些农药既不能与碱性物质混用，也不能与酸性农药混用，如马拉硫磷、喹硫磷；有些农药在酸性条件下会分解，或者降低药效，如2,4-滴钠盐或铵盐、2甲4氯钠盐等。

（2）避免与含金属离子的农药混用。二硫代氨基甲酸酯类杀菌剂、2,4-滴类除草剂与含铜制剂混用可生成铜盐降低药效；甲基硫菌灵、硫菌灵可与铜离子络合而失去活性。除铜制剂外，与其他含重金属离子的制剂如铁、锌、锰、镍等制剂混用时也要特别慎重。

（3）避免出现药害。石硫合剂与波尔多液混用，可产生有害的硫化铜，增加可造成药害的可溶性铜离子。二硫代氨基甲酸酯类杀菌剂，无论在碱性中或与铜制剂混用都会产生有药害的物质。

（4）增效作用。多功能氧化酶是昆虫产生抗药性的主要酶之一，辛硫磷能抑制该酶活性，因此辛硫磷与菊酯类或其他有机磷类杀虫剂混用，有一定增效作用，同时可延缓抗性发生。

56. 农药标签和说明书

指农药包装物上或者附于农药包装物的，以文字、图形、符号说明农药内容的一切说明物。

农药标签应当标注下列内容：

（1）农药名称、剂型、有效成分及其含量；

（2）农药登记证号、产品质量标准号以及农药生产许可证号；

（3）农药类别及其颜色标志带、产品性能、毒性及其标识；

（4）使用范围、使用方法、剂量、使用技术要求和注意事项；

（5）中毒急救措施；

（6）储存和运输方法；

（7）生产日期、产品批号、质量保证期、净含量；

（8）农药登记证持有人名称及其联系方式；

（9）可追溯电子信息码；

（10）象形图；

（11）农业农村部要求标注的其他内容。

不同类别的农药采用在标签底部加一条与底边平行的、不褪色的特征颜色标志带以标识。除草剂用“除草剂”字样和绿色带表示；杀虫（螨、软体动物）剂用“杀虫剂”或者“杀螨剂”、“杀软体动物剂”字样和红色带表示；杀菌（线虫）剂用“杀菌剂”或者“杀线虫剂”字样和黑色带表示；植物生长调节剂用“植物生长调节剂”字样和深黄色带表示；杀鼠剂用“杀鼠剂”字样和蓝色带表示；杀虫/杀菌剂用“杀虫/杀菌剂”字样、红色和黑色带表示。农药类别的描述文字应当镶嵌在标志带上，颜色与其形成明显反差。其他农药可以不标注特征颜色标志带。

毒性分为剧毒、高毒、中等毒、低毒、微毒五个级别。

57. 粉剂的真假识别

（1）观察法。粉剂的外观应为疏松的细粉、无团块。凡是流动性差、结成块状物，或手捏成团、不易散开的，说明这些粉剂大多是存放时间过长或存放不当，造成减效或者失效。

（2）吸湿性。测吸湿性之前，先查看粉剂包装纸袋外面有无潮湿情况，如果有，说明吸湿性大。然后从袋里取出一点药粉倒在一张白纸上，拿起白纸，用拇指和食指在纸外面轻捏，如果粘成一片表明这种药粉已吸潮，若将此药粉用于喷粉，则表现为质量不好；如果仍旧是松散的细粉，表明质量合格。

（3）悬浮法。取1L水，加入10g农药，搅拌10min后，静置，然后慢慢倾去上部90%左右的溶液，将剩余溶液用已知重量的滤纸过滤，再将纸和沉淀物烘干，称其重量，求出悬浮率。

悬浮率=（样品重－沉淀物重）/样品重×100%

悬浮率在30%以上为良好，证明可以使用。

58. 可湿性粉剂的真假识别

（1）观察法。应为很细的疏松粉末，无团块。

（2）湿润法。取清水200mL，称取被检验的农药样品1g，轻轻撒在水面上，如果在1min内农药能够全部进入水中，即为有效农药。如果长时间不能润湿而漂浮在水面上，则证明农药已经失效。

（3）悬浮法。取清水1杯，加入1g被检验的农药样品，充分摇匀，静置20～30min，观察药品悬浮情况。未变质农药，粉粒极细，沉淀慢而少，整个药液浊而不清；如果杯中少部分水清澈，大部分浑浊，则还可使用；如果样品沉淀快，而杯中大部分药液呈现半透明状，则不能使用。

（4）沉淀法。取50g药剂，倒入瓶中，加入少量水，调成糊状，再加水搅拌，未变质的农药粉粒细，悬浮性好，沉淀慢而少，已变质农药悬浮性不好，沉淀快而多。

59. 乳油的真假识别

（1）振荡法。查看农药瓶内有无分层现象，如有分层，出现上面浮油、下面沉淀，说明乳化性能降低，用力振荡，静置1h，如果仍然分层，说明农药已经变质。

（2）兑水法。取清水1kg放在玻璃瓶中，轻轻加入1mL待检验的乳油农药，乳化性能好的呈放射状向四周扩散，静置12h后，水面无浮油，水底无沉淀，呈乳白色液体，且均匀一致，则为正常乳油。如果表面有浮油或瓶底有沉淀，则说明药剂已变质。

（3）加热法。先把有沉淀的农药，连瓶放在50～55℃的热水中，1h后，沉淀能慢慢溶化，均匀一致，药效一般不减，如果农药的沉淀物不溶化，则农药已经变质失效。

60. 悬浮剂的真假识别

悬浮剂应为略带黏稠的、可流动的悬浮液，其黏度非常小，均匀。若因长时间存放出现分层，经手摇动可恢复均匀状态的，仍可视为合格产品。如果不能重新变成均匀的悬浮液，底部沉淀物摇不起来，悬浮性能不好。

61. 浓度常用表示方法

（1）百分浓度。100份药液或药粉中含纯药的份数，用%表示。如5%氯虫苯甲酰胺（康宽）悬浮剂，即100份悬浮剂中含有康宽有效成分是5份。

（2）倍数法。稀释倍数可用内比法和外比法来计算。内比法适用于稀释倍数小于100的情况，计算时要扣除原药所占的一份，如用一些乳油喷雾需稀释50倍，应取49份水加入一份药剂中；外比法适用于稀释倍数大于100的情况，计算时一般不扣除原药所占的一份，如稀释500倍时，则将一份药剂加入500份水中即可，不必扣除原药一份。

（3）百万分浓度。即100万份药液或药粉中，含纯药的份数，用ppm表示。

62. 不同浓度表示法之间的换算

（1）百万分浓度和百分浓度的换算

换算公式：百万分浓度（ppm）＝百分浓度×1000000

例如：当药液浓度是0.5%时该药剂的百万分浓度是多少？

$$0.5\%=1000000\times0.5\%=5000ppm$$

（2）倍数法与百分浓度之间的换算

换算公式：百分浓度＝原药浓度/稀释倍数

例如：50%敌敌畏乳油稀释1000倍后，它的百分浓度是多少？

$$百分浓度=50\%/1000=0.05\%$$

63. 浓度稀释和计算方法

倍数稀释计算法（兑水稀释计算）：

内比法计算公式：稀释剂（水）的重量=原药重量×（稀释倍数－1）

外比法计算公式：稀释剂（水）的重量=原药重量×稀释倍数

（1）求稀释剂的重量

例1：把1kg百菌清稀释90倍，需加水多少千克？

稀释剂（水）的重量=1kg×(90−1)=89kg

例2：稀释100g 5%高效氯氟氰菊酯乳油1500倍，需加水多少千克？

稀释剂（水）的重量＝100g×1500÷1000＝150kg

（2）求农药原液（粉）的重量

例：配制15kg（喷雾器容量）5%高效氯氟氰菊酯乳油1500倍，需要量取5%高效氯氟氰菊酯乳油多少？

原药液重量＝15kg/1500＝0.01kg=10g

即配制每桶药液，需要量取10g 5%高效氯氟氰菊酯乳油。

第二章
生物农药知识

64. 生物农药

生物农药是指直接利用活体生物（包括天敌昆虫、天敌微生物或病毒以及转基因生物等）防治农业有害生物的制剂，分为生物体农药和生物化学农药。生物体农药指用来防除病、虫、草等有害生物的商品活体生物。按照来源，生物体农药可分为微生物体农药、动物体农药和植物体农药。微生物体农药指用来防治有害生物的活体微生物，例如，白僵菌、绿僵菌；苏云金杆菌（*Bt*）是一类细菌杀虫剂；核型多角体病毒是一类病毒杀虫剂。动物体农药指商品化的天敌昆虫、捕食螨等。植物体农药指来源于植物的半成品或者经过基因改造的植物。生物化学农药指从生物体中分离出的具有一定化学结构的，对有害生物有控制作用的生物活性物质。根据来源不同，可以分为植物源农药、动物源农药和微生物源农药。

65. 植物源农药

直接来源于植物或植物提取物。例如，除虫菊素、烟碱、鱼藤酮、藜芦碱等杀虫剂，丁香油引诱剂，香茅油驱避剂，油菜素内酯植物生长调节剂等。

66. 动物源农药

来源于动物的有毒物质或天敌资源。例如，斑蝥毒素、沙蚕毒素、蜕皮激素、保幼激素、昆虫外激素等。各种有害生物的天敌资源也包含在内。

67. 微生物源农药

微生物源农药包括农用抗生素。农用抗生素是由抗生菌发酵产生的、具有农药功能的代谢产物。例如，井冈霉素、春雷霉素等，可以用来防治真菌病害；土霉素可以用来防治细菌病害；浏阳霉素可以用来防治蛾类；阿维菌素可以用来杀灭害虫、害螨、畜体内外寄生虫。

68. 捕食性天敌昆虫

属天敌生物农药，指专门以其他昆虫或动物为食物的昆虫。这类天敌直接蚕食虫体的一部分或全部；或者刺入害虫体内吸食害虫体液使其死亡。目前国内广泛应用的主要有捕食螨、草蛉、瓢虫等。

（1）瓢虫捕食蚜虫、介壳虫、粉虱和叶螨，有的还捕食鳞翅目昆虫的卵和低龄幼虫。我国利用的有澳洲瓢虫、孟氏隐唇瓢虫、七星瓢虫、龟纹瓢虫、异色瓢虫、多异瓢虫、黑襟毛瓢虫、深点食螨瓢虫、大红瓢虫、腹管食螨瓢虫等。

（2）草蛉捕食蚜虫、粉虱、螨类、棉铃虫等多种农业害虫。草蛉科分为三个亚科，即网蛉亚科、幻蛉亚科和草蛉亚科。

（3）蚂蚁有些对人类有害，但多数蚂蚁直接或间接对人类有益，可捕食多种害虫。我国对蚂蚁的利用：黄猄蚁防治柑橘害虫；红蚂蚁防治甘蔗害虫；利用多种蚂蚁防治松毛虫。

（4）农田蜘蛛。80%左右蜘蛛可见于农田、森林、果园、茶园和草原之中，成为这些生态系统中重要组成部分和害虫的重要天敌。

69. 寄生性天敌昆虫

有5个目90多个科，其中最重要的是寄生蜂、寄生蝇两大类。

寄生蜂如赤眼蜂、黑卵蜂、小茧蜂和金小蜂等。赤眼蜂和黑卵蜂寄生在昆虫卵里，以寄主卵里的营养物质为食物，发育长大，而害虫的卵再也不能孵化为幼虫。

小茧蜂是寄生在鳞翅目害虫幼虫身上的寄生蜂。小茧蜂幼虫钻入害虫幼虫体内寄生，叫做内寄生。到害虫幼虫化蛹前，小茧蜂的幼虫已经老熟，白白的幼虫就从害虫幼虫身体里钻出来结茧化蛹，此时，害虫的幼虫奄奄待毙。

金小蜂寄生在鳞翅目昆虫的蛹上，如菜粉蝶的蛹。金小蜂把卵产在菜粉蝶蛹上，卵孵化为幼虫就钻入蛹内寄生，发育成长。当蛹内金小蜂幼虫老熟后也在菜粉蝶蛹内化蛹，然后羽化为成虫。菜粉蝶的蛹再也不能羽化为成虫。

寄生蜂种类很多，并且能寄生在卵、幼虫和蛹上等，帮助人类消灭害虫，对田间害虫防控有很大作用。

寄生蝇把卵产在害虫幼虫身上，卵孵化幼虫后钻入害虫体内寄生。幼虫成熟后，从害虫幼虫身上钻出，钻入泥土中化蛹，导致害虫幼虫死亡。

70. β-羽扇豆球蛋白多肽的特点及防治对象

生物杀菌剂β-羽扇豆球蛋白多肽是在甜味羽扇豆萌发过程中自然形成的蛋白，是发芽种子的水提取物。它利用多重作用机制攻击病原菌细胞，作为凝集素可与几丁质强力结合，最终导致细胞死亡。一般以叶面喷雾方式施用，可与其他杀虫杀菌剂兼容混用。防治草莓灰霉病、番茄灰霉病、黄瓜灰霉病、葡萄白粉病。与传统的化学产品相比，它具有强大的接触杀菌活性，其优点是作为有机产品，对人类、动物和环境友好，特别是用在草莓上防治草莓灰霉病，不伤花果、不伤蜜蜂。

71. 阿维菌素的特点及防治对象

又称爱福丁，对螨类和昆虫具有胃毒和触杀作用，不能杀卵。作用机制是干扰神经生理活动，刺激释放γ-氨基丁酸，而γ-氨基丁酸对节肢动物的神经传导有抑制作用。螨类成虫、若虫和昆虫幼虫与阿维菌素接触后即出现麻痹症状，不活动、不取食，2～4天后死亡。因不引起昆虫迅速脱水，所以阿维菌素致死作用较缓慢。用于防治蔬菜、果树等作物上小菜蛾、菜青虫、黏虫、跳甲等多种害虫，尤其对其他农药产生抗性的害虫尤为有效。对线虫、昆虫和螨虫均有触杀作用，用于治疗畜禽的线虫病、螨和寄生性昆虫病。对蚕高毒，对桑叶喷药后毒杀蚕作用明显。

72. 氨基寡糖素的特点及防治对象

具有杀病毒、杀细菌、杀真菌作用。不仅对真菌、细菌、病毒具有极强的防治和铲除作用，而且还具有补充营养、解毒、抗菌等的功效。影响真菌孢子萌发，诱发菌丝形态发生变异、孢内生化发生改变等；能激发植物体内基因，产生具有抗病作用的几丁酶、葡聚糖酶、植保素及病程相关蛋白（PR蛋白）等，并具有细胞活化作用，有助于受害植株的恢复，促根壮苗，增强作物的抗逆性，促进植物生长发育。可以防治各类粮食作物、蔬菜作物、瓜果作物、果树作物等上的纹枯病、稻曲病、白粉病、赤霉病、青枯病、根腐病、霜霉病、灰霉病、疫病、枯萎病、矮缩病、病毒病、根结线虫等多种病害。同时，还能调节和促进植物生长，提高抗逆力。

73. 白藜芦醇的特点及防治对象

白藜芦醇是一种非黄酮类多酚有机化合物，简称三羟基芪，是植物体在逆境或遇到病原菌侵害时分泌的一种抗菌素。白藜芦醇主要对病原菌菌丝生长或孢子萌发起抑制作用，会增加菌丝细胞膜通透性，导致电解质渗漏，同时可降低菌丝体内蛋白质含量。白藜芦醇对核桃黑斑病、人参黑斑病、葡萄霜霉病、番茄早疫病、苹果炭疽病、苹果霉心病、黄瓜灰霉病和番茄灰霉病等有良好防效，对青枯病菌也有明显的抑制作用。

74. 贝莱斯芽孢杆菌的特点及防治对象

贝莱斯芽孢杆菌产生溶菌物质，造成病原菌原生质泄漏、菌丝体破裂导致病原菌停止生长；同时产生抗菌物质，溶解破坏病原菌孢子的细胞壁或细胞膜，致使出现穿孔或畸形，抑制孢子萌发；部分代谢产物作为刺激因子，可诱导植物产生系统性抗性，从而提高植物的整体抗病能力。适用于草莓、枸杞、番茄、生菜、葡萄、花卉、水稻、茶叶、油菜、棉花、香蕉、桃、梨、苹果和柑橘等作物，具有防治谱广、抑菌活性高以及促进作物生长等特点，对20多种病原真菌具有良好抑制作用，对链格孢菌、桃褐腐病菌、香蕉叶斑病菌、白粉病菌、灰霉病菌、镰刀菌、菌核菌等具有显著抑菌效果，对稻瘟病菌、稻曲病菌、棉花黄萎病菌等也具有一定抑制活性，特别对白粉病防效良好。

75. 博落回提取物的特点及防治对象

博落回提取物为从博落回属多年生草本植物上提取的植物源农药。主要成分是血根碱，具有杀蛆、杀虫和杀菌活性，可以防治地下害虫和越冬虫卵，可广泛用于蔬菜、水果、棉花、茶、桑和粮食作物的病虫害防治。血根碱可以防治菜青虫、小菜蛾、菜粉蝶、黏虫、玉米螟、蚜虫、梨木虱、二斑叶螨、蛞蝓和蝇蛆等害虫，对葡萄球菌、枯草芽孢杆菌、大肠杆菌、小麦赤霉菌、棉枯萎菌、番茄灰霉病菌、小麦纹枯病菌和番茄灰霉病菌等具有良好抑制作用，对线虫也有一定活性。

76. 补骨脂种子提取物的特点及防治对象

广谱性植物源杀菌剂，具有杀菌、免疫诱抗、促进生长的特点。作用机理是通过破坏病原菌的细胞壁、细胞膜、线粒体膜、核膜等壁膜系统，干扰细胞代谢过程而达到杀菌的目的。尤其对水稻稻瘟病、苹果腐烂病、早晚疫病、炭疽病等重要植物病害防治效果显著。对捕食性天敌、寄生性天敌低毒或无影响，对环境安全无残留隐患。

77. 菜青虫颗粒体病毒的特点及防治对象

微生物源低毒专性杀虫剂，具有胃毒作用。害虫通过取食感染病毒，随后在害虫体内繁殖，并侵染至害虫全身，最后导致害虫死亡。只用于十字花科蔬菜防治菜青虫。

78. 草地贪夜蛾信息素的特点及防治对象

雌性草地贪夜蛾成虫释放性信息素，雄虫可沿着性信息素气味寻找到雌虫，交配产卵，繁衍后代。草地贪夜蛾诱芯就是依据这一原理制成的仿生产品，模拟雌性草地贪夜蛾成虫释放的性信息素，配套诱捕器捕获前来“亲密赴会”的雄虫，减少雌虫交配繁殖的机会，从而减少子代幼虫的发生量，保护寄主免受虫害。

79. 侧孢短芽孢杆菌的特点及防治对象

侧孢短芽孢杆菌革兰氏染色阳性，可变为阴性，芽孢为椭圆形，侧生、中生或近中生，孢囊膨大，游离芽孢一边比另一边厚（独木舟形）。作用机理是抑制辣椒疫霉菌菌丝生长、孢子囊产生、休止孢萌发，保护辣椒幼苗免受辣椒疫霉菌游动孢子致病性的伤害。对捕食天敌、寄生天敌低毒或无影响。对辣根疫霉菌有强烈的抑制及杀灭作用。

80. 茶尺蠖核型多角体病毒的特点及防治对象

茶尺蠖核型多角体病毒是从灰茶尺蠖幼虫体内分离得到的一种重要病毒。该病毒具有专一寄生性，只寄生于茶尺蠖，不能寄生于其他尺蠖。病毒能直接进入茶尺蠖幼虫的脂肪体细胞和肠细胞核，随后复制致使茶尺蠖染病死亡。该病毒的致病力与温度关系较大，温度低于30℃时，致病力极强，温度高于30℃时，对寄主幼虫的致病力明显降低。茶尺蠖幼虫感染该病毒后，病毒潜伏期较长，一般为7天左右，这就决定了该药剂的药效较慢。

81. 除虫菊素的特点及防治对象

除虫菊素又称天然除虫菊素。作用于细胞膜上的钠离子通道，对突触体上ATP酶的活性有影响。除虫菊素是从除虫菊花中分离萃取的具有杀虫效果的活性成分，天然除虫菊素见光慢慢分解成水和CO_2，因此使用后无残留，对人畜无副作用，是国际公认的最安全的无公害天然杀虫剂之一。具有触杀、胃毒和驱避作用，对多种昆虫如蚊、蝇、臭虫和蟑螂等有毒杀作用。

82. 春雷霉素的特点及防治对象

春雷霉素又名加收米、春日霉素、开斯明等，是一种微生物的代谢产物，属于农用类杀菌剂，具有较强的渗透性和内吸性。低残留、无公害，被农业农村部列为无公害农产品生产推荐农药。可防治番茄叶霉病，西瓜、甜瓜细菌性叶斑，瓜类枯萎病，辣椒疮痂病，芹菜叶斑病，柑橘溃疡病，梨黑星病等病害。

83. 大黄素甲醚的特点及防治对象

大黄素甲醚是以天然植物大黄为原料，精心提取其活性成分，加工研制而成的。属保护性杀菌剂，可诱导作物产生保卫反应，抑制病原菌孢子萌发、菌丝的生长、吸器的形成，使得作物免受病原菌的侵害，达到防病的效果。对白粉病、霜霉病、灰霉病、炭疽病等有很好的防治效果。

84. 淡紫拟青霉菌的特点及防治对象

淡紫拟青霉菌属于内寄生性真菌，具有抑制线虫侵染作用，是一些植物寄生线虫的重要天敌，能够寄生于卵，也能侵染幼虫和雌虫，可明显减轻多种作物根结线虫、胞囊线虫、茎线虫等植物线虫病的危害；也能促进植物根系及植株营养器官的生长。用于防治大豆、番茄、烟草、黄瓜、西瓜、茄子、姜等作物根结线虫、胞囊线虫。

85. 地衣芽孢杆菌的特点及防治对象

地衣芽孢杆菌是一种在土壤中常见的革兰氏阳性嗜热菌，它可促使机体产生活性物质、杀灭致病菌。能产生抗活性物质，并具有独特的生物夺氧作用机制，能抑制致病菌的生长繁殖。地衣芽孢杆菌作用于病原菌的细胞壁、细胞膜；与膜相关的受体蛋白相互作用；作用于能量代谢系统；提高植物的抗病力。用于防治细菌、部分真菌，同时具有植物生长调节活性。

86. 盾壳霉的特点及防治对象

盾壳霉用作农用杀菌剂。它能通过孢子或菌丝侵染菌丝和菌核，产生破坏性寄生作用、溶菌作用和抗真菌物质，杀死病原菌的菌丝体和菌核。盾壳霉是核盘菌的重要寄生菌，具有专一性强、作用时间长、对植物无致病性等特点，是作物菌核病的生物防治菌剂。

87. 多抗霉素的特点及防治对象

又称多氧霉素。金色链霉菌产生的代谢产物，属于广谱性抗生素类杀菌剂。具有较好的内吸传导作用。作用机理是干扰病菌细胞壁几丁质的生物合成，使菌体细胞壁不能进行生物合成导致病菌死亡。芽管和菌丝接触药剂后，局部膨大、破裂、溢出细胞内含物，而不能正常发育，最终死亡。防治小麦白粉病，番茄花腐病，烟草赤星病，黄瓜霜霉病，人参、西洋参和三七的黑斑病，瓜类枯萎病，水稻纹枯病，苹果斑点落叶病、火疫病，茶树茶饼病，梨黑星病、黑斑病，草莓及葡萄灰霉病。对瓜果蔬菜的立枯病、白粉病、灰霉病、炭疽病、茎枯病、枯萎病、黑斑病等多种病害防效优良，同时对水稻纹枯病、稻瘟病，小麦锈病、赤霉病等作物病害也有明显效果。

88. 多杀菌素的特点及防治对象

又称菜喜。作用机制是通过刺激昆虫的神经系统，增加其自发活性，导致昆虫发生非功能性的肌收缩、衰竭，并伴随颤抖和麻痹，表现为烟碱型乙酰胆碱受体被持续激活引起乙酰胆碱延长释放反应。此外也作用于γ-氨基丁酸受体，进一步促成其杀虫活性的提高。多杀菌素的土壤光降解半衰期为9～10天，叶面光降解的半衰期为1.6～16天，而水光降解的半衰期则小于1天。能有效地控制鳞翅目（如小菜蛾、甜菜夜蛾等）、双翅目和缨翅目害虫，也可以很好地防治鞘翅目和直翅目中某些大量吞食叶片的害虫种类，不能有效地防治刺吸式昆虫和螨类。

89. 甘蓝夜蛾核型多角体病毒的特点及防治对象

病毒制剂被害虫取食或经其他途径被接触后，病毒侵入害虫体内，大量复制增殖，破坏害虫细胞和组织，使昆虫发病而停止取食直至虫体内腔化水而死。在昆虫体中存在的大量具活性的病毒颗粒，可以通过活虫或者死虫的体液、粪便、残体继续传染给其他害虫和下一代害虫，造成害虫病毒病的田间大流行，从而达到“虫瘟杀虫”、长期持续控制害虫的目的。

该病毒具有广谱杀虫活性，对夜蛾科具有极强的杀虫活力，对螟蛾科具有较强的杀虫活力。对小菜蛾、棉铃虫、草地贪夜蛾、甜菜夜蛾、甘蓝夜蛾、烟青虫、黄地老虎、黏虫、斜纹夜蛾、茶尺蠖和稻纵卷叶螟等害虫有效。

90. 哈茨木霉菌的特点及防治对象

哈茨木霉菌作为一种纯微生物、广谱性杀菌剂，通过营养竞争、重寄生、细胞壁分解酵素，以及诱导植物产生抗性等多重机制，对多种植物病原菌产生拮抗作用。同时，促进土壤中养分的转化，提升作物对养分的吸收率，刺激作物根系生长。用于防治田间和温室内蔬菜、果树、花卉等农作物的白粉病、灰霉病、霜霉病、叶霉病、叶斑病等叶部真菌性病害。

91. 几丁寡糖素醋酸盐的特点及防治对象

用于防治病毒病，作用机制是诱导激活植物免疫系统，抑制病毒基因表达，控制病毒繁殖，修复植株受害部位，促根壮苗，增强作物抗逆性，实现抗病毒作用。用于防治辣椒和番茄等多种作物的病毒病。

92. 甲氨基阿维菌素苯甲酸盐的特点及防治对象

甲氨基阿维菌素苯甲酸盐是一种微生物源低毒杀虫、杀螨剂，是在阿维菌素的基础上合成的高效生物药剂，其杀虫机制是阻碍害虫运动神经。具有活性高、杀虫谱广、可混用性好、持效期长、使用安全等特点，作用方式以胃毒为主，兼有触杀作用。是优良的杀虫、杀螨剂，对防治棉铃虫等鳞翅目害虫、螨虫、鞘翅目及半翅目害虫有极高的活性，且不易使害虫产生抗药性。

93. 甲基营养型芽孢杆菌的特点及防治对象

通过在植物根际、体表或体内的定殖和繁衍占据有利靶位，来降低病原微生物侵染的概率。产生抗菌肽、蛋白酶和纤维素酶等代谢产物，来抑制植物病原菌生长或直接将其杀死。对番茄早疫病病菌、梨黑斑病病菌和番茄灰霉病病菌均具有较好抑菌效果。

94. 坚强芽孢杆菌的特点及防治对象

坚强芽孢杆菌的孢子在作物根系周围萌发，产生菌丝作用于根结线虫，产生多种代谢物质有效抑制根结线虫的生长繁殖，导致线虫死亡；或坚强芽孢杆菌的孢子萌发产生菌丝寄生于根结线虫的卵，使得虫卵不能孵化、繁殖。主要用于防治农业根结线虫。

95. 解淀粉芽孢杆菌的特点及防治对象

解淀粉芽孢杆菌是生物杀菌剂。产生抗生素、抑菌蛋白和挥发性抗菌物质，这些物质通过溶解病原菌菌丝的细胞壁或细胞膜，造成原生质外流、菌丝断裂或畸形，同时也抑制孢子萌发。施用后可以在作物种子和根系周围迅速建立保护区，并与作物一起生长，像盔甲一样保护植物根系，激活植物的自然防御机制，改善根系定植，促进植物生长。适用于番茄、草莓、黄瓜、马铃薯、柑橘、葡萄、香蕉、火龙果、油麦菜、苦瓜和花卉等作物，对土传病害，如镰刀菌、丝核菌、腐霉菌等引起的病害防治效果较好，尤其是对灰霉病有良好防效。

96. 井冈霉素的特点及防治对象

具有较强的内吸性，易被菌体细胞吸收并在其体内迅速传导，干扰和抑制菌体细胞生长和发育。用于水稻纹枯病，也用于水稻稻曲病、玉米大小斑病，以及蔬菜和棉花、豆类等作物病害的防治。

97. 苦参碱的特点及防治对象

苦参碱是由豆科植物苦参的干燥根、植株、果实经乙醇等有机溶剂提取制成的，是一种广谱杀虫生物碱，对蚜虫具有触杀、胃毒作用。其杀虫机理是使害虫神经中枢麻痹，从而使虫体蛋白质凝固、气孔堵塞，最后窒息而死。苦参碱是一种低毒植物源杀虫剂，对各种作物上的黏虫、菜青虫、蚜虫、红蜘蛛有明显的防治效果。对蔬菜刺吸式口器昆虫蚜虫，鳞翅目昆虫菜青虫、茶毛虫、小菜蛾，以及茶小绿叶蝉、白粉虱等都具有理想的防效。另外对蔬菜霜霉病、疫病、炭疽病也有很好的防效。

98. 苦豆子生物碱的特点及防治对象

苦豆子生物碱为豆科植物苦豆子中生物碱的总称，由苦参碱、氧化苦参碱、槐果碱、槐定碱、野靛碱和苦豆碱等单碱组成。其对桃蚜、豆蚜、甘蓝蚜等多种蚜虫有较高的活性，对黄瓜炭疽病菌有效，对线虫具有明显活性。

99. 苦皮藤素的特点及防治对象

苦皮藤素是从苦皮藤中分离得到的活性成分。具有麻醉、拒食和胃毒、触杀作用，并且具有不产生抗药性、不杀伤天敌、理化性质稳定等特点 。可防治菜青虫等蔬菜害虫，稻苞虫、黏虫、稻纵卷叶螟等水稻害虫，米象、玉米象等储粮害虫，以及尺蠖等树木害虫。

100. 狼毒素的特点及防治对象

狼毒素为植物瑞香狼毒根茎的乙醇提取物，作用于虫体细胞，渗入细胞核抑制破坏新陈代谢系统，使受体能量传递失调、紊乱，导致死亡。具有触杀、胃毒作用。可防治棉铃虫、甜菜夜蛾、斜纹夜蛾、红铃虫、金刚钻、盲椿象、蚜虫、红蜘蛛、二化螟、三化螟、稻纵卷叶螟、果树锈壁虱、潜叶蛾、飞虱等害虫。是当前防治顽固性、高抗性大龄害虫的特效药剂。

101. 梨小性迷向素的特点及防治对象

梨小性迷向素是从梨小雌成虫中提取的性信息素。将释放器释放到田间，通过让雄蛾找不到雌蛾，不能完成交配，使下一代虫口密度急剧下降，达到防治的目的。可适用于桃、梨、苹果、杏等梨小食心虫的寄主作物。

102. 藜芦碱的特点及防治对象

植物性杀虫剂，具有触杀和胃毒作用，作用于昆虫神经细胞钠离子通道，抑制虫体感觉神经末梢导致害虫死亡。用于蔬菜、果树以及大田农作物上的害虫，如菜青虫、叶蝉、棉蚜、棉铃虫、蓟马和椿象等。还用于防治家蝇、蜚蠊、虱等卫生害虫。

103. 浏阳霉素的作用特点

广谱性生物杀螨剂，具有亲脂性，接触螨体后，在其细胞膜上形成孔道，导致胞内Na^+、K^+等金属离子渗出，细胞内外金属离子浓度平衡被破坏，致使螨类呼吸障碍而死亡。对成、若螨高效，但不能杀死螨卵。不杀伤捕食螨，害螨不易产生抗性，对叶螨、瘿螨都有效。防治棉花、茄子、番茄、豆类、瓜类、苹果、桃树、桑树、山楂、蔬菜、花卉等作物上各种螨类，以及茶瘿螨、梨瘿螨、柑橘锈螨、枸杞锈螨等。也可以用于防治小菜蛾、甜菜夜蛾、蚜虫等蔬菜害虫。对人、畜低毒，对作物及多种天敌昆虫安全，对蜜蜂、家蚕也较安全。

104. 绿僵菌的特点及防治对象

绿僵菌为能够寄生多种害虫的一类杀虫真菌，通过体表入侵进入害虫体内，在害虫体内不断增殖，通过消耗营养、机械穿透、产生毒素，并不断在害虫种群中传播，使害虫致死。寄主昆虫达200种以上，能寄生金龟甲、象甲、金针虫、鳞翅目害虫幼虫和半翅目椿象等。绿僵菌对人畜无害，对天敌昆虫安全，不污染环境。主要用于防治金龟子、象甲、金针虫、蛾蝶幼虫、蝽和蚜虫等害虫。

105. 绿盲蝽性信息素的特点及防治对象

绿盲蝽性信息素是从绿盲蝽成虫中提取的性信息素。将释放器释放到田间，吸引雄性绿盲蝽来交配，通过黏虫板将雄性绿盲蝽捕获，可有效减少田间雄性绿盲蝽的数量，降低雌雄成虫交配率，雌虫产卵量显著降低。绿盲蝽性信息素对绿盲蝽具有高度的选择性，白天和黑夜均对雄性绿盲蝽有效，可以用在棉花、枣树、葡萄、樱桃、桃树、苹果树、茶树、杨树和马铃薯等作物田。

106. 弥拜菌素的特点及防治对象

又称密灭汀。微生物源杀虫、杀螨剂。具有胃毒和触杀作用，无内吸性。作用方式与阿维菌素一样，是γ-氨基丁酸（GABA）的激动剂，作用于外围神经系统，引发突触前GABA释放，继而引起氯离子流向改变，使其内流，导致由GABA介导的中枢神经及神经-肌肉传导阻滞，进而使昆虫麻痹死亡。用于棉花、蔬菜、茶树、水果（柑橘、苹果、草莓等）等害虫，如朱砂叶螨、二斑叶螨、柑橘红蜘蛛、苹果红蜘蛛、柑橘锈壁虱等，对棉叶螨和柑橘全爪螨高效，对松树害虫（如松材线虫）也有效。

107. 嘧啶核苷类抗菌素的特点及防治对象

广谱性抗真菌的农用抗菌素，也称抗霉菌素、农抗120，对多种真菌有防治效果。以预防保护作用为主，兼有治疗作用，杀菌原理是阻碍病原菌的蛋白质合成，导致病菌死亡。能够防治番茄疫病、大白菜黑斑病、瓜类白粉病、西瓜枯萎病、葡萄白粉病、苹果白粉病、花卉白粉病等多种作物病害。

108. 棉铃虫核型多角体病毒的特点及防治对象

病毒杀虫剂，害虫通过取食而感染病毒。病毒粒子通过中肠上皮细胞进入血淋巴，在气管基膜、脂肪体等组织中繁殖，逐步扩散到害虫全身各个部位，急剧吞噬消耗虫体组织，导致害虫全身化脓死亡。用于棉花以及高粱、玉米、烟草、番茄等作物，防治棉铃虫、松（黄）叶蜂、舞毒蛾、毒蛾、天幕毛虫、苜蓿粉蝶、粉夜蛾、实夜蛾等害虫。

109. 苜蓿银纹夜蛾核型多角体病毒的特点及防治对象

一种新型微生物源低毒杀虫剂，属昆虫病毒类，杀虫谱较广。害虫通过取食感染昆虫病毒，而后病毒在害虫体内增殖，陆续传播至虫体全身，最终导致害虫死亡。用于十字花科蔬菜，对多种鳞翅目害虫都有较好的防治效果，如甜菜夜蛾、银纹夜蛾、甘蓝夜蛾、菜青虫等。

110. 球孢白僵菌的特点及防治对象

球孢白僵菌属广谱杀虫真菌，它可侵入6目15科200多种昆虫和螨类。作用机制是穿透昆虫体壁、呼吸道和消化道而感染寄主，能在染病虫体内大量繁殖，并产生大环酯类白僵素以及草酸钙结晶。这些物质可降解害虫体壁，破坏虫体组织，导致害虫死亡。适用于玉米、柑橘、番茄、茄子和杧果等作物。可以有效防治螨类、草地贪夜蛾、蚜虫、蓟马和粉虱等害虫，也可以防治地下害虫。

111. 杀线虫芽孢杆菌B16的特点及防治对象

芽孢杆菌B16是一种好氧菌，革兰氏染色阳性，为杀线虫芽孢杆菌。它利用苯甲醛等挥发性物质吸引线虫吞食，并在线虫体内分泌强毒力胞外蛋白酶Bace 16和Bae 16，进而水解线虫肠道上皮细胞蛋白，破坏宿主肠道结构与功能最终导致线虫死亡。用于番茄和黄瓜等作物，防治根结线虫。

112. 蛇床子素的特点及防治对象

蛇床子素是从蛇床子干燥成熟的果实中提取到的有效成分，表现为独特的杀虫抑菌活性。杀虫机制表现为抑制昆虫乙酰胆碱酯酶，影响神经系统，导致害虫肌肉非功能性收缩，最终衰竭而死。杀菌机制是通过抑制钙离子吸收，影响菌体生长和孢子萌发，阻碍菌体细胞壁几丁质沉积。安全环保、有机绿色，具有广谱、高效、低毒、无残留的特点。可防治菜青虫、小菜蛾、蚜虫等害虫和夜蛾卵块，而且对植物病原真菌如黄瓜白粉病菌、葡萄霜霉病菌、辣椒疫霉病菌、小麦赤霉病菌等都具有显著的抑制作用。同时还具有保绿、延长叶片功能期的作用。

113. 申嗪霉素的特点及防治对象

申嗪霉素是由荧光假单胞菌分泌的一种次生代谢产物，具有广谱、高效的特点，可防治水稻、小麦、蔬菜等作物的枯萎病、蔓枯病、疫病、纹枯病、稻曲病、稻瘟病、霜霉病、条锈病、菌核病、赤霉病、炭疽病、灰霉病、黑星病、叶斑病、青枯病、溃疡病、姜瘟病，也可对土传病害进行土壤处理。

114. 嗜硫小红卵菌的特点及防治对象

嗜硫小红卵菌是微生物农药，其分泌物中含有多种杀菌活性物质，能够有效杀灭和抑制多种病原微生物，并通过竞争性抑制有效控制病原微生物的生长和繁殖，且其分泌物能被植株吸收并诱导植株的抗病能力。用于防治番茄根结线虫、番茄花叶病、水稻稻曲病和细菌性条斑病等。同时，此细菌代谢产物还能促进作物生长，提高作物免疫力，抵抗植物寄生线虫的入侵，减少侵染危害。

115. 松毛虫质型多角体病毒的特点及防治对象

松毛虫质型多角体病毒是迟效性杀虫剂，是松毛虫的重要致病微生物。它可通过感病幼虫的排泄物或死虫进行水平扩散，通过产卵进行垂直传播，对松毛虫具有良好的持续控制效果。另外，还可交叉感染棉铃虫、舞毒蛾、斜纹夜蛾、粉纹夜蛾、松茸毒蛾等多种非松毛虫属昆虫。

116. 苏云金杆菌的特点及防治对象

主要是胃毒作用，是一类产晶体芽孢杆菌，可产生两大类毒素，即内毒素（伴胞晶体）和外毒素，其主要活性成分是一种或几种杀虫晶体蛋白，又称δ-内毒素，可使害虫停止取食，最后害虫因饥饿而死亡。经害虫食入后，寄生于寄主的中肠内，在肠内合适的碱性环境中生长繁殖，晶体毒素经过虫体肠道内蛋白酶水解，形成有毒效的较小亚单位，它们作用于虫体的中肠上皮细胞，引起肠道麻痹、穿孔、虫体瘫痪、停止进食。随后苏云金芽孢杆菌进入血腔繁殖，引起败血症，导致虫体死亡。用于防治菜青虫、小菜蛾、甜菜夜蛾、斜纹夜蛾、甘蓝夜蛾、烟青虫、玉米螟、稻纵卷叶螟、二化螟等。

117. 甜菜夜蛾核型多角体病毒的特点及防治对象

防治对象甜菜夜蛾，主要是胃毒作用，被甜菜夜蛾取食后，病毒在虫体内大量复制增殖，迅速扩散到害虫全身各个部位，急剧吞噬消耗虫体组织，导致害虫染病后全身化水而亡。病毒通过死虫的体液、粪便继续传染至下一代害虫，病毒病的大面积流行使田间的甜菜夜蛾能够得到长期持续的控制。适用于甘蓝、花椰菜、菜心、白菜、番茄、辣椒、芦笋、菠菜、大葱、大姜、西瓜、芹菜、豇豆、花生等作物。

118. 萜烯醇的特点及防治对象

从互叶白千层中提取到的植物源杀菌剂。萜烯醇破坏细胞膜与细胞壁，影响生物细胞膜结构的渗透阻隔作用，并在作物发病的不同阶段均有杀菌效果。如在病原菌的孢子萌发阶段可有效抑制孢子萌发，阻止病害的扩散；在菌丝生长与扩散阶段抑制（活体与离体）菌丝的生长与扩散。孢子囊生长时使用，则可抑制真菌孢子的形成，从而阻止病原菌在新生植物组织上传播。用于防治白粉病、早疫病、灰霉病、溃疡病和叶斑病等多种病害。

119. 小菜蛾颗粒体病毒的特点及防治对象

该病毒在害虫肠中溶解，进入细胞核中复制、繁殖、感染细胞，使生理失调而死亡。该病毒可感染小菜蛾的各龄幼虫，且感染力强，死亡率高。用于防治十字花科蔬菜的小菜蛾、银纹夜蛾、菜青虫等。

120. 斜纹夜蛾核型多角体病毒的特点及防治对象

斜纹夜蛾核型多角体病毒是一种高效的绿色生物杀虫剂，是斜纹夜蛾的重要病原微生物。病毒在虫体内大量复制增殖，迅速扩散到害虫全身各个部位，急剧吞噬消耗虫体组织，导致害虫染病后全身化水而亡。可防治白菜、花菜、甘蓝、芋头、豇豆、花生等多种作物上的斜纹夜蛾。

121. 烟碱的特点及防治对象

又称尼古丁。具有胃毒、触杀和熏蒸作用，并有杀卵作用，无内吸性。烟碱易挥发，持效期短，但它的盐类（如硫酸烟碱）较稳定，残效期较长。它的蒸气可从虫体任何部位侵入体内而发挥毒杀作用。用于棉花、水稻、烟草、甘蔗、茶叶、蔬菜和果树等作物上的半翅目、鞘翅目、双翅目、鳞翅目等多种害虫，如蚜虫、烟青虫、甘蔗螟、夜蛾、小菜蛾、斑潜蝇、粉虱、地老虎、蛴螬、蝼蛄、象甲、地蛆等。

122. 依维菌素的特点及防治对象

具有驱杀作用，无内吸性，在土壤中易被微生物代谢分解，对环境安全。其作用机理是通过作用于昆虫神经系统γ-氨基丁酸（GABA）受体，促进抑制性递质γ-氨基丁酸（GABA）过度释放，同时打开谷氨酸门控的氯离子通道，增强神经膜对氯离子的通透性，导致细胞膜超极化，从而阻断神经信号的传递，最终昆虫麻痹而死亡。它是一种新型的广谱、高效、低毒抗寄生虫药，对体内外寄生虫特别是线虫和节肢动物均有良好驱杀作用，但对绦虫、吸虫及原生动物无效。防治鳞翅目害虫，如小菜蛾、烟青虫、菜青虫等，以及林木和土壤中的白蚁。还可防治奶牛、狗、猫、马、猪、羊等家畜体内寄生虫、盘尾丝虫、线虫、昆虫、螨虫等。

123. 乙基多杀菌素的特点及防治对象

又称艾绿士。属于新型大环内酯类抗生素杀虫剂，具有胃毒和触杀作用。其作用机理是作用于昆虫神经系统中烟碱型乙酰胆碱受体和γ-氨基丁酸（GABA）受体，致使昆虫对兴奋性或抑制性的信号传递反应不敏感，影响正常的神经活动，直至死亡。用于水稻、蔬菜（如甘蓝等）、果树（如苹果、梨、柑橘等）、茄子、大豆、坚果、甘蔗等作物上多种害虫，如稻纵卷叶螟、小菜蛾、甜菜夜蛾、斜纹夜蛾、豆荚螟、蓟马、潜叶蝇、苹果蠹蛾、苹果卷叶蛾、梨小食心虫、橘小实蝇等。

124. 乙蒜素的特点及防治对象

乙蒜素是一种植物仿生农药，无色或微黄色油状液体，有大蒜臭味。与菌体内含硫基的物质作用，从而抑制菌体的正常代谢。防治水稻烂秧病、水稻恶苗病、稻瘟病、棉花苗前病害、苜蓿炭疽病和茎斑病，兼具植物生长调节作用，能促进萌芽、提高发芽率、增加产量和改善品质。

125. 印楝素的特点及防治对象

又称蔬果净、楝素。印楝素可分为印楝素A，印楝素B，印楝素C，印楝素D，印楝素E，印楝素F，印楝素G，印楝素I共8种，印楝素通常指印楝素A。具有拒食、忌避、内吸和抑制生长发育作用。主要作用于昆虫的内分泌系统，降低蜕皮激素的释放量；也可以直接破坏表皮结构或阻止表皮几丁质的形成，或干扰呼吸代谢，影响生殖系统发育等。它是目前世界公认的一种广谱、高效、低毒、易降解、无残留的生物农药，而且没有抗药性。能防治200多种害虫，如小菜蛾、斜纹夜蛾、甜菜夜蛾、黄条跳甲、白粉虱、蚜虫、烟青虫、棉铃虫、水稻二化螟、水稻三化螟、稻纵卷叶螟、稻水象甲、稻飞虱、稻蝗、玉米螟、柑橘潜叶蛾、柑橘木虱、锈壁虱、桃小食心虫、橘小实蝇、美洲斑潜蝇、茶毛虫、茶小绿叶蝉、松材线虫等，对草原飞蝗有特效，还可以防治螨类。

126. 鱼藤酮的特点及防治对象

又称毒鱼藤、鱼藤精。主要是触杀和胃毒作用，无内吸性，见光易分解，在作物上残留时间短。其作用机理是通过作用于昆虫的线粒体呼吸链，抑制线粒体复合体Ⅰ（NADH脱氢酶-辅酶Q）的作用，阻断昆虫细胞的电子传递，从而降低体内的ATP水平，最终使害虫得不到能量供应，然后行动迟滞、麻痹而缓慢死亡。用于蔬菜、黄瓜、水稻、棉花、果树等作物上害虫，如蚜虫、黄条跳甲、蓟马、菜青虫、斜纹夜蛾、甜菜夜蛾、小菜蛾、斑潜蝇、黄守瓜、飞虱、猿叶虫等。

127. 爪哇虫草菌的特点及防治对象

爪哇虫草菌是一种高效低风险的广谱杀虫真菌。作用机制是分生孢子附着于寄主体壁，在适宜环境下，孢子萌发产生芽管，在一系列酶作用下降解侵入点体壁结构，进而穿过体壁进入血腔，通过摄取寄主的营养进行自身生长，繁殖到一定程度后，使寄主僵硬死亡。用于防治烟粉虱，还能防治水稻、花卉上的飞虱、蚜虫、叶螨等害虫，对甜菜夜蛾等鳞翅目害虫也有防效，对赤眼蜂等天敌安全。

128. 沼泽红假单胞菌的特点及防治对象

沼泽红假单胞菌为光合细菌，针对细菌性病害、高效、广谱、以菌抑菌，通过微生物菌剂分泌出一种特效的活菌修复因子，使作物表面形成一种修复保护膜。可抑制病害因子细胞膜的形成，减少有害孢子囊形成和有害流动孢子数量，快速补充营养。用于防治病害和根结线虫。

129. 中生菌素的特点及防治对象

中生菌素，淡紫灰链霉菌海南变种产生的代谢产物，属*N*-糖苷类碱性水溶性物质，是一种杀菌谱较广的保护性杀菌剂，具有触杀、渗透作用。防治白菜软腐病、黄瓜角斑病、水稻白叶枯病等农作物细菌性病害，以及苹果轮纹病、小麦赤霉病等农作物真菌病害。还可刺激植物体内植保素及木质素的前体物质的生成，从而提高植物的抗病能力。

130. 宁南霉素的特点及防治对象

低毒杀菌剂。一种胞嘧啶核苷肽型广谱抗生素杀菌剂，可诱导植株对入侵病毒产生抗性和耐病性，对条纹叶枯病、黑条矮缩病等水稻病毒病具有保护作用和一定的治疗作用，可抑制病毒侵染，降低病毒浓度，缓解症状表现。防治烟草花叶病毒病、番茄病毒病、辣椒病毒病、水稻立枯病、大豆根腐病、水稻条纹叶枯病、苹果斑点落叶病、黄瓜白粉病，此外也可防治油菜菌核病、荔枝霜疫霉病，其他作物病毒病、茎腐病、蔓枯病、白粉病等多种病害。

131. 甾烯醇的特点及防治对象

甾烯醇是一种新型的植物源抗病毒剂。喷施后，被植物叶片吸收，能够直接抑制病毒复制，具有钝化病毒的作用。同时能够通过诱导寄主产生抗性，间接阻止病毒侵染，对作物病毒病如水稻黑条矮缩病、小麦花叶病毒病、烟草花叶病毒病、蔬菜病毒病等具有良好的预防作用。

第三章
杀虫剂知识

132. 杀虫剂

为主要用于防治农业害虫和城市卫生害虫的药剂。

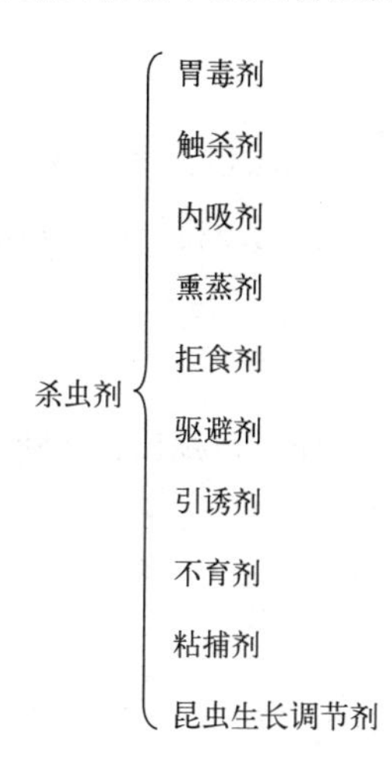

133. 胃毒剂

被昆虫取食后经肠道吸收进入体内，到达靶标才起毒杀作用的药剂。

134. 触杀剂

接触到昆虫体（常指昆虫的表皮）后便可起到毒杀作用的药剂。

135. 熏蒸剂

以气体的状态通过昆虫的呼吸器官进入体内，而引起昆虫中毒死亡的药剂。

136. 内吸剂

被植物体（包括根、茎、叶及种、苗等）吸收，并可传导运输到其他部位组织，使害虫吸食或接触后中毒死亡的药剂。

137. 拒食剂

可影响昆虫的味觉器官，使其厌食、拒食，最后因饥饿、失水而逐渐死亡，或因摄取营养不足而不能正常发育的药剂。

138. 驱避剂

依靠其物理、化学作用（如颜色、气味等）使害虫忌避或发生转移、潜逃现象，从而达到保护寄主植物或特殊场所目的的药剂。

139. 引诱剂

依靠其物理、化学作用（如光、颜色、气味、微波信号等）可将害虫诱聚而利于歼灭的药剂。

140. 不育剂

药剂通过害虫体壁或消化系统进入虫体后，正常的生殖功能受到破坏，使害虫不能繁殖后代，这种不育作用一般又可分为雄性不育、雌性不育、两性不育三种，如噻替派、六磷胺等。

141. 粘捕剂

用于粘捕害虫并使其死亡的药剂。可由树脂（包括天然树脂和人工合成树脂等）与不干性油（如棕榈油、蓖麻油等）加上一定量的杀虫剂混合配制而成。

142. 昆虫生长调节剂

又称激素干扰剂，指通过扰乱昆虫的生理机能，如昆虫蜕皮发育变态或者干扰生殖机能等最终达到控制害虫目的的一类化合物。这类杀虫剂包括保幼激素类似物、蜕皮激素类似物和几丁质合成抑制剂等。

143. 杀虫剂进入昆虫体内的途径

杀虫剂施用后，可从昆虫的口腔、体壁及气门部位进入昆虫体。

（1）口腔进入　杀虫剂从口腔进入昆虫体内的关键是必须通过害虫的取食活动，但咀嚼式口器的害虫取食时的呕吐现象会影响药剂从口腔进入虫体。具有内吸性的杀虫剂，施用以后被植物吸收，当刺吸式口器害虫吸取植物的汁液时，药剂也进入口腔、消化道，穿透肠壁到达消化道。

（2）体壁进入　体壁是以触杀作用为主的杀虫剂进入昆虫体内的主要屏障，绝大多数陆栖昆虫的体壁富含蜡质及类脂，与水亲和性较低，因此不宜被药液湿润。不同的农药剂型中乳油的湿润性能比较好，易在昆虫体表湿润展布，因此具有很强的触杀作用。与其相反的是水溶性强的极性化合物，不易被昆虫上表皮吸收，因此触杀作用比较弱。

（3）气门进入　熏蒸作用药剂（磷化氢等）可以在昆虫呼吸时随空气进入气门，沿着昆虫的气管系统最后到达微气管而产生毒效。

144. 杀虫剂的穿透

杀虫剂使用以后，害虫接触、吞食了药剂或者通过呼吸而吸进药剂的气体，经过一定时间后，便表现一定的中毒症状（兴奋、痉挛、呕吐、腹泻、麻痹等）直到最后死亡。

（1）杀虫剂穿透昆虫体壁　多数具有触杀活性的药剂从体壁进入虫体是较为重要的途径。

（2）杀虫剂穿透昆虫的消化道　昆虫取食了含有杀虫剂的食物后，杀虫剂能否穿透肠壁被消化道吸收，是决定胃毒剂是否有效的重要因素。

（3）杀虫剂从血液到达作用部位神经系统　昆虫的血脑屏障位置是类似于生物名片的结构，非离子部分可以穿过，电解质的离子部分则被阻挡在屏障外面。

（4）昆虫体内排泄杀虫剂的过程　昆虫中有多种器官具有排泄外来化

合物的功能，能够将外来化合物转变为水溶性的轭合物。

145. 杀虫剂在昆虫体内的分布

杀虫剂在昆虫体内的分布如下图：

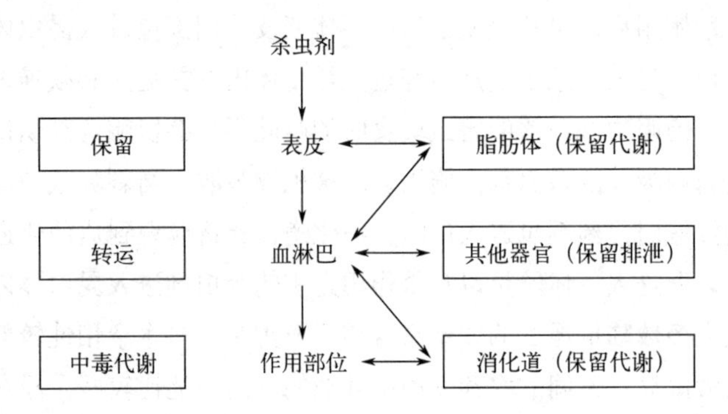

146. 杀虫剂在动物体内的代谢

杀虫剂在动物体内代谢过程中，氧化作用是主要的代谢机制之一。多种杀虫剂在生物体内的降解都是由微粒体氧化酶参与的生物转化反应的结果。这种氧化作用与药剂的降解代谢、药剂的增效作用、酶的诱导作用以及昆虫对杀虫剂的抗药性等密切相关。

147. 杀虫剂的作用机制

大多数杀虫剂都作用于昆虫的神经系统和肌肉，还有小部分农药作用于呼吸系统、中肠或干扰昆虫的激素平衡。

148. 有机磷杀虫剂的特点

（1）理化性质　有机磷原药多为油状液体，在常温下蒸气压很低。大多数不溶于水或微溶于水，而溶于一般有机溶剂。

（2）药效高，大多为广谱杀虫剂，作用方式多种多样　大多数有机磷杀虫剂具多种杀虫作用方式，故杀虫范围广，能同时防治并发的多种害虫。

（3）作用机制　抑制体内神经中的乙酰胆碱酯酶（AChE）或胆碱酯

酶（ChE）的活性而破坏了正常的神经冲动传导，引起了一系列急性中毒症状：异常兴奋、痉挛、麻痹、死亡。

（4）持效期一般较短　品种之间差异甚大。有的施药后数小时至2～3d完全分解失效，如辛硫磷、敌敌畏等；有的品种因植物的内吸作用可维持较长时间的药效，有的甚至能达1～2个月以上，如甲拌磷。由于持效期有长有短，为合理选用适当品种提供了有利条件。

（5）人畜中毒，应先行催吐，立即静脉注射或口服阿托品，再送医救治。

（6）绝大多数有机磷杀虫剂在碱性条件下易分解，因此，不能与碱性物质混用。

149. 氨基甲酸酯杀虫剂的特点

（1）一般对螨类、潜叶虫、介壳虫等效果差，但能有效地防治叶蝉、飞虱、蓟马、棉蚜、棉铃虫、棉红铃虫、玉米螟以及对有机磷类药剂产生抗性的一些害虫。

（2）多数氨基甲酸酯杀虫剂具有胃毒、触杀作用。

（3）大部分氨基甲酸酯比有机磷杀虫剂毒性低，对鱼类比较安全，但对蜜蜂具有较高毒性。

（4）有些氨基甲酸酯杀虫剂与有机磷杀虫剂混合，乙酰胆碱酯酶的作用部位被氨基甲酸酯分子占据后与有机磷竞争AChE，降低有机磷作用于AChE不可逆反应的程度，从而产生拮抗作用。除虫菊酯的增效剂（如芝麻素、氧化胡椒基丁醚）能够抑制虫体中氨基甲酸酯杀虫剂解毒代谢酶的活力，对氨基甲酸酯有显著的增效作用。

（5）氨基甲酸酯杀虫剂遇碱易分解，不能和碱性农药混合使用。

（6）该类药剂和有机磷类似，一般温度高时，毒性更大些。

150. 拟除虫菊酯类杀虫剂的特点

（1）广谱。对绝大多数农林害虫、仓储害虫、畜牧害虫、卫生害虫都有良好防效。但大多数品种，对植食性螨类以及介壳虫类防效较差。

（2）具有强大的触杀和胃毒作用，无内吸作用。以叶面喷洒为主，很少作土壤处理或种子处理。

（3）高效，速效。击倒速度较快，毒力比常用杀虫剂提高1～2个数量级，是目前毒力最高的一类杀虫剂。

（4）作用机理。该类药剂就是破坏神经元轴突的离子通道，扰乱钠离子的进出，导致其神经功能紊乱，中毒死亡。

（5）大多属于中毒或低毒，对哺乳动物毒性低，加之单位面积用药量小，因而使用安全。

（6）由于结构大多属酯、醚，在生物体内及环境中易降解，加之单位面积用药量小，正常使用情况下不致污染环境。

（7）缺点是对鱼毒性高，对某些益虫也有伤害，长期重复使用会导致害虫产生抗药性。

151. 沙蚕毒素杀虫剂的特点

（1）杀虫谱广。用于防治水稻、蔬菜、甘蔗、果树等多种作物上的多种食叶害虫、钻蛀性害虫，有些品种对蚜虫、叶蝉、飞虱、蓟马、螨类等也有良好的防治效果。

（2）多种杀虫作用。对害虫具有很强的触杀和胃毒作用，还具有一定的内吸和熏蒸作用，有些品种还有拒食作用。对成虫、幼虫、卵有杀伤力，既有速效性，又有较长的持效性，因而在田间使用时，施药适期长，防治效果稳定。

（3）作用机制特殊。作用部位是胆碱能突触，阻遏神经正常传递而使害虫的神经对外来刺激不产生反应，当害虫接触或取食药剂后，虫体很快呆滞不动、瘫痪，直至死亡。但虫体中毒后没有痉挛或过度兴奋的症状。与有机磷、氨基甲酸酯、拟除虫菊酯等杀虫剂无交互抗性。

（4）低毒低残留。对人畜、鸟类、鱼类及水生动物的毒性均在低毒和中等毒范围内，使用安全。对环境影响小，施用后在自然界容易分解，不存在残留毒性。

（5）品种多。如杀螟丹、杀虫磺、杀虫双、杀虫单等多种沙蚕毒素类似物。

152. 新烟碱类杀虫剂的特点

（1）新烟碱类杀虫剂是烟碱乙酰胆碱受体激动剂，能够阻断昆虫中枢神经系统正常传导而使害虫死亡。

（2）不仅具有高效、广谱及良好的根部内吸性、触杀和胃毒作用，而且对哺乳动物毒性低，对环境安全。

（3）可有效防治半翅目、鞘翅目、双翅目和鳞翅目等害虫，对用传统杀虫剂防治产生抗药性的害虫也有良好的活性。

（4）既用于茎叶处理，也用于土壤、种子处理。

（5）部分品种对蜜蜂高毒。

（6）品种有吡虫啉、啶虫脒、噻虫嗪、烯啶虫胺、呋虫胺、噻虫啉、氯噻啉、噻虫胺、哌虫啶。

153. 保幼激素及类似物

保幼激素是昆虫在发育过程中由咽侧体分泌的一种激素。在幼虫期，使幼虫蜕皮后仍保持幼虫状态；在成虫期，有控制性发育、产生性引诱、促进卵子成熟等作用。保幼激素类似物与保幼激素化学结构相似且有类似生理活性的人工合成的化学物质，如烯虫酯、烯虫硫酯、烯虫乙酯、烯虫炔酯、双氧威、吡丙醚和哒幼酮等。

154. 蜕皮激素及类似物

蜕皮激素为由前胸腺分泌的能调节节肢动物昆虫纲、甲壳纲等动物蜕皮的激素。蜕皮激素类似物为根据蜕皮激素仿生合成的一类化学物质，该类化合物含双酰肼结构，如抑食肼、虫酰肼、甲氧虫酰肼、呋喃虫酰肼、环虫酰肼等。

155. 几丁质合成抑制剂及品种

苯甲酰脲类抑制剂具有独特的作用机制，极高的环境安全性，对非靶标生物具有较高的选择性，使用浓度极低，降解速度快，被列为特异性昆虫生长调节剂。在幼虫期施用，使害虫新表皮形成受阻，延缓发育，或缺乏硬度，不能正常蜕皮而导致死亡或成畸形蛹死亡。它们是几丁质抑制剂中发展最早、成熟品种最多的一类药剂，商品化品种有除虫脲、灭幼脲、氟虫脲、氟啶脲、氟铃脲、杀铃脲、氟苯脲、灭蝇胺等。

156. 鱼尼丁受体激活剂的特点

分为两类，邻苯二甲酰胺类和邻氨基苯甲酰胺类化合物。作用机理是通过使鱼尼丁受体的钙离子释出，导致昆虫肌肉异常收缩，进而影响昆虫一系列变化（虫体收缩、呕吐、脱粪等）而致死。商品化品种有氟虫双酰胺、氯虫苯甲酰胺、溴氰虫酰胺。

特点：该类药剂对鳞翅目害虫广谱，对部分非鳞翅目害虫也有特效；持效性长，对环境友好，极耐雨水冲刷，与现有杀虫剂无交互抗性。

157. 苯氧威的特点及防治对象

又称虫净、蓟危。具有胃毒和触杀作用，杀虫谱广；表现为对多种昆虫有强烈的保幼激素活性，杀虫专一，能使昆虫无法蜕皮变态而逐渐死亡，并能抑制成虫期变态，从而造成后期或蛹期死亡。有较强的杀卵作用，从而减少虫口数。宜在幼虫早期使用。防治木虱、蚧类、卷叶蛾、松毛虫、美国白蛾、尺蠖、杨树舟蛾、苹果蠹蛾，以及双翅目（包括蚊、虻、蝇类，以及在农业上常见的韭蛆、潜叶蝇）、鞘翅目（如各种危害粮食的甲虫）、半翅目（如叶蝉、稻褐飞虱、蚜虫、粉蚧）、鳞翅目（如小菜蛾、苹果金纹细蛾、旋纹潜叶蛾及各种小食心虫、亚洲玉米螟）、缨翅目（如蓟马）、脉翅目（如大草蛉）、啮虫目的五十多种害虫及一些蜱螨、线虫。

158. 吡丙醚的特点及防治对象

又称灭幼宝、蚊蝇醚。具有抑制蚊、蝇幼虫化蛹和羽化作用，是保幼激素类型的几丁质合成抑制剂。具有高效、用药量少、持效期长、对作物安全、对鱼类低毒、对生态环境影响小的特点。防治半翅目（烟粉虱、温室白粉虱、桃蚜、矢尖蚧、吹绵蚧和红蜡蚧等)、缨翅目(棕榈蓟马)、鳞翅目(小菜蛾)、啮虫目(嗜卷书虱)、蜚蠊目(德国小蠊)、蚤目(跳蚤)、鞘翅目(异色瓢虫)、脉翅目(中华通草蛉)等昆虫,对粉虱、介壳虫和蜚蠊具有特效。

159. 吡虫啉的特点及防治对象

又称大功臣、一遍净。害虫接触药剂后,中枢神经正常传导受阻,被麻痹死亡。具有广谱、高效、低毒、低残留,害虫不易产生抗性,对人、畜、植物和天敌安全等特点,并有触杀、胃毒和内吸等多重作用。用于防治刺吸式口器害虫及其抗性品系。产品速效性好,药后1天即有较高的防效,残留期长达25天左右。温度越高,杀虫效果越好。对刺吸式口器害虫高效,如蚜虫、叶蝉、飞虱、蓟马、粉虱及其抗性品系。对鞘翅目、双翅目和鳞翅目也有效。对线虫和红蜘蛛无活性。直接接触对蜜蜂有毒。

160. 吡蚜酮的特点及防治对象

具有触杀作用,同时还有内吸活性。非灭生性杀虫剂,作用于害虫内血流中胺[5-羟色胺(血管收缩素),血清素]信号传递途径,从而导致类似神经中毒的反应,取食行为的神经中枢被抑制,通过影响流体吸收的神经中枢调节而干扰正常的取食活动。此外,小麦蚜虫、水稻稻飞虱接触药剂即产生口针阻塞效应,停止取食,丧失对植物的危害能力,并最终饥饿致死,而且此过程不可逆转。在植物体内既能在木质部输导也能在韧皮部输导;既可用于叶面喷雾,也用于土壤处理。由于其良好的输导特性,在茎叶喷雾后新长出的枝叶也可以得到有效保护。对多种作物的刺吸式口器害虫表现出优异的防治效果,如蚜科、飞虱科、叶蝉科、粉虱科害虫等。应用于蔬菜、园艺作物、棉花、大田作物、落叶果树、柑橘等防治蚜虫、粉虱和叶蝉等害虫有特效。对水蚤有轻微毒性。

161. 丙溴磷的特点及防治对象

又称多虫清。抑制乙酰胆碱酯酶的活性,具有触杀作用和胃毒作用,无内吸作用。具有速效性，在植物叶上有较好的渗透性，同时具有杀卵作用。与拟除虫菊酯等农药复配，对害虫的防治效果更佳。能有效地防治棉花、果树、蔬菜作物上的害虫和害螨，如棉铃虫、烟青虫、红蜘蛛、棉蚜、叶蝉、小菜蛾等，尤其对抗性棉铃虫的防治效果显著。

162. 虫酰肼的特点及防治对象

又称米满、抑虫肼，是促进鳞翅目幼虫蜕皮的新型仿生杀虫剂。作用于昆虫蜕皮激素受体，引起昆虫幼虫早熟，提早蜕皮致死，或形成畸形蛹和畸形成虫，引起化学绝育。防治鳞翅目害虫，如甜菜夜蛾、菜青虫、甘蓝夜蛾、卷叶蛾、玉米螟、松毛虫、美国白蛾、天幕毛虫、舞毒蛾、尺蠖类等多种害虫。虫酰肼对卵的效果差，在幼虫发生初期施药效果好。对蚕高毒，不能在桑蚕养殖区用药。

163. 除虫脲的特点及防治对象

又称灭幼脲Ⅰ号，抑制昆虫几丁质的合成。抑制幼虫、卵、蛹表皮几丁质的合成，使昆虫不能正常蜕皮，致虫体畸形而死亡。害虫取食后造成积累性中毒，由于缺乏几丁质，幼虫不能形成新表皮，蜕皮困难，化蛹受阻；成虫难以羽化、产卵；卵不能正常发育、孵化的幼虫表皮缺乏硬度而死亡，从而影响害虫整个世代。以胃毒作用为主，兼有触杀作用。残效期较长，但药效速度较慢。防治鳞翅目害虫，如甜菜夜蛾、菜青虫、甘蓝夜蛾、卷叶蛾、玉米螟、松毛虫、美国白蛾、天幕毛虫、舞毒蛾、尺蠖类等多种害虫。不宜在害虫高龄期、老龄期施药，应在幼虫低龄期或卵期施药。对甲壳类（虾、蟹幼体）有害，应注意避免污染养殖水域。

164. 稻丰散的特点及防治对象

又称爱乐散，广谱性有机磷杀虫、杀卵、杀螨剂。作用机制为抑制乙酰胆碱酯酶。为以触杀为主，具有一定胃毒作用，速效性较好，可防治多种咀嚼式、刺吸式口器害虫的药剂。防治水稻上的二化螟、三化螟、稻纵卷叶螟、叶蝉、蚜虫、负泥虫、蝗虫等效果很好。

165. 敌百虫的特点及防治对象

又称荔虫净。高效、低毒、低残留、广谱性杀虫剂，以胃毒为主，兼有触杀作用，也有渗透活性。有机磷杀虫剂，是乙酰胆碱酯酶抑制剂。它能抑制昆虫体内胆碱酯酶的活力，使释放的乙酰胆碱不能及时分解破坏而大量蓄积，以致引起虫体中毒。可作为昆虫杀虫剂及抗寄生虫药物。防治黏虫、水稻螟虫、稻飞虱、稻苞虫、棉花红铃虫、象鼻虫、叶蝉、金刚钻、玉米螟虫、蔬菜菜青虫、菜螟、斜纹夜蛾以及家蝇、臭虫、蟑螂等。对高粱、大豆、瓜类作物有药害。喷药后不能用肥皂或碱水洗手、脸，以免增加毒性，可用清水冲洗。

166. 丁虫腈的特点及防治对象

阻碍昆虫γ-氨基丁酸受体的氯离子通道，抑制动物的神经传导。丁烯氟虫腈对鳞翅目等多种害虫，如对菜青虫、小菜蛾、螟虫、黏虫、褐飞虱、叶甲等多种害虫具有较高的活性，特别是对水稻、蔬菜害虫的活性显现了与氟虫腈同等的效力。用于稻纵卷叶螟、二化螟、三化螟、蓟马等鳞翅目害虫，蝇类和鞘翅目害虫防治。

167. 丁醚脲的特点及防治对象

硫脲类高效杀虫、杀螨剂，又名宝路、螨脲、杀螨隆，具有内吸、触杀、胃毒和熏蒸作用，有一定的杀卵活性，在紫外光下可转换为一种具有杀虫活性的物质。对哺乳动物、鸟类低毒；对鱼类、蜜蜂高毒。通过干扰神经系统的能量代谢破坏神经系统的基本功能，并抑制几丁质合成，使害虫先麻痹后死亡。用于棉花、蔬菜、果树、茶树及观赏植物刺吸式害虫、害螨的防治，也可用于防治小菜蛾、菜粉蝶及夜蛾类害虫。

168. 啶虫丙醚的特点及防治对象

对蔬菜和棉花上广泛存在的鳞翅目害虫具有卓越活性，对抗性小菜蛾效果好。持效期为7天左右，耐雨水冲刷效果好。对鱼为高毒，对家蚕为中等毒性。

169. 啶虫脒的特点及防治对象

又称吡虫清。作用于昆虫神经系统突触部位的烟碱乙酰胆碱受体，干扰昆虫神经系统的刺激传导，引起神经系统通路阻塞，造成神经递质乙酰胆碱在突触部位的积累，从而导致昆虫麻痹，最终死亡。具有触杀、胃毒作用，同时有较强的渗透作用，速效性好，持效期长。防治水稻、蔬菜、果树、茶树的蚜虫、飞虱、蓟马及鳞翅目害虫等。用颗粒剂作土壤处理，可防治地下害虫。

170. 二嗪磷的特点及防治对象

又称二嗪农、地亚农。广谱性杀虫剂，具有触杀、胃毒、熏蒸和一定的内吸作用，也有较好的杀螨与杀卵作用。能够抑制昆虫体内的乙酰胆碱酯酶合成，对鳞翅目、半翅目等多种害虫有较好的防效。防治刺吸式口器害虫和食叶害虫，如鳞翅目幼虫、双翅目幼虫、蚜虫、叶蝉、飞虱、蓟马、介壳虫、二十八星瓢虫、锯蜂及叶螨等，对虫卵、螨卵也有一定杀伤效果。小麦、玉米、高粱、花生等拌种，可防治蝼蛄、蛴螬等土壤害虫。用颗粒剂灌心叶，可防治玉米螟。用乳油对煤油喷雾，可防治蜚蠊、跳蚤、虱、蝇、蚊等卫生害虫。

171. 呋虫胺的特点及防治对象

又称呋喃烟碱。具有触杀、胃毒作用好，根部内吸性强，速效性好，持效期长（3～4周），杀虫谱广等特点，且对刺吸口器害虫有优异防效。作用于昆虫神经传递系统，引起害虫麻痹而发挥杀虫作用。防治小麦、水稻、棉花、蔬菜、果树、烟叶等多种作物上的蚜虫、叶蝉、飞虱、蓟马、粉虱及其抗性品系，同时对鞘翅目、双翅目和鳞翅目害虫高效，并对蜚蠊、白蚁、家蝇等卫生害虫高效。

172. 呋喃虫酰肼的特点及防治对象

又称福先、忠臣。通过抑制几丁质合成，影响幼虫的正常蜕皮和发育，来达到杀虫的目的。该药剂具有胃毒、触杀和拒食等活性，无内吸性。害虫取食后，很快出现不正常蜕皮反应，停止取食，提早蜕皮，但由于非正常蜕皮而无法完成蜕皮，导致幼虫脱水和饥饿而死亡。对甜菜夜蛾、斜纹夜蛾、稻纵卷叶螟、二化螟、大螟、豆荚螟、玉米螟、甘蔗螟、棉铃虫、桃小食心虫、小菜蛾、潜叶蛾、卷叶蛾等全部鳞翅目害虫效果很好，对鞘翅目和双翅目害虫也有效。对水生甲壳类动物有毒，使用时，不要污染水源。该药对蚕高毒，桑园附近严禁使用。

173. 氟吡呋喃酮的特点及防治对象

丁烯酸内酯类新型烟碱类杀虫剂，可高选择性地作用于多种刺吸式口器害虫，速效性好、持效期长，且与常规新烟碱类杀虫剂吡虫啉、啶虫脒、烯啶虫胺、噻虫胺等无交互抗性，其最突出的特点是对蜜蜂等传粉昆虫低毒。可选择性地作用于昆虫中枢神经系统，键合受体蛋白，使神经细胞处于激动状态，但氟吡呋喃酮不会被乙酰胆碱酯酶结合而失活，因此受体持续开放，导致昆虫神经系统崩溃。具有较好的内吸传导性，叶面喷施或进行种子处理后，能迅速传导至植株各部位，有效防治叶面背部或隐蔽取食的害虫，并能通过抑制昆虫的摄食，进而减少依赖昆虫介导的病原体传播。用于防治番茄、辣椒、马铃薯、黄瓜、葡萄、西瓜、咖啡、坚果、柑橘及一些大田作物中的蚜虫、粉虱、介壳虫、叶蝉、西花蓟马、潜叶蝇、粉蚧、软蚧、柑橘木虱和马铃薯甲虫等多种害虫，对幼虫、成虫等所有生长时期害虫皆有效，且药效快，持效期长。

174. 氟虫脲的特点及防治对象

又称卡死克。通过抑制几丁质的合成，使害虫不能正常蜕皮和变态而逐渐死亡。该药剂具有虫螨兼治、活性高、残效长的特点，还有很好的叶面滞留性。有触杀和胃毒作用，但无内吸作用。对若螨效果好，不杀成螨，但雌成螨接触药后，产卵量减少，并造成不育或所产的卵不孵化。杀虫谱较广，对鳞翅目、鞘翅目、双翅目、半翅目、蜱螨亚纲等多种害虫有效。可防治苹果叶螨、苹果越冬代卷叶虫、苹果小卷叶蛾、果树尺蠖、梨木虱、柑橘叶螨、柑橘木虱、柑橘潜叶蛾、蔬菜小菜蛾、菜青虫、豆荚螟、茄子叶螨、棉花叶螨、棉铃虫、棉红铃虫等，对捕食性螨和益虫安全。

175. 氟啶虫胺腈的特点及防治对象

又称砜虫啶。作用于烟碱乙酰胆碱受体（nAChR）内独特的结合位点而发挥杀虫功能。可经叶、茎、根吸收而进入植物体内。高效、快速并且持效期长。对非靶标节肢动物毒性低，是害虫综合防治优选药剂之一。防治棉花盲蝽、蚜虫、粉虱、飞虱和介壳虫等所有刺吸式口器害虫。能有效防治对烟碱类、拟除虫菊酯类、有机磷类和氨基甲酸酯类农药产生抗性的刺吸类害虫。

176. 氟啶虫酰胺的特点及防治对象

具有触杀和胃毒作用，还具有很好的神经毒剂和快速拒食作用。对各种刺吸式口器害虫有效，并具有良好的渗透作用。它可从根部向茎部、叶部渗透，但由叶部向茎、根部渗透作用相对较弱。该药剂通过阻碍害虫吮吸作用而产生效果。害虫摄入药剂后很快停止吮吸，最后饥饿而死。防治棉蚜、马铃薯、粉虱、车前圆尾蚜、假眼小绿叶蝉、桃蚜、褐飞虱、小黄蓟马、麦长管蚜、蓟马、温室白粉虱等。

177. 氟啶脲的特点及防治对象

又称抑太保、定虫隆。阻碍害虫正常蜕皮，使卵孵化、幼虫蜕皮、幼虫发育畸形以及成虫羽化、产卵受阻，从而达到杀虫的效果。它是一种高效、低毒、与环境相容的农药品种。以胃毒作用为主，兼有较强的触杀作用，渗透性较差，无内吸作用。对多种鳞翅目害虫以及直翅目、鞘翅目、膜翅目、双翅目等害虫杀虫活性高，但对蚜虫、飞虱无效。如十字花科蔬菜的小菜蛾、甜菜夜蛾、菜青虫、银纹夜蛾、斜纹夜蛾、烟青虫等，茄果类及瓜果类蔬菜的棉铃虫、甜菜夜蛾、烟青虫、斜纹夜蛾等，豆类蔬菜的豆荚螟、豆野螟等。适用于对有机磷类、拟除虫菊酯类、氨基甲酸酯等杀虫剂已产生抗性的害虫的综合治理。

178. 氟铃脲的特点及防治对象

又称果蔬保。具有杀虫活性高、杀虫谱较广、击倒力强、速效等特点。主要是胃毒和触杀作用。害虫接触药剂后，不能在蜕皮时形成新表皮，因虫体畸形而死亡，害虫进食速度也被抑制。杀死害虫的速度比较慢。防治大田、蔬菜、果树和林区的黏虫、棉铃虫、棉红铃虫、菜青虫、苹果小卷蛾、墨西哥棉铃象、舞毒蛾、木虱、柑橘锈螨等，残效期12～15天。水面施药可防治蚊幼虫，也用于防治家蝇等。

179. 高效氟氯氰菊酯的特点及防治对象

又称保得、百树得。具有触杀和胃毒作用，能够引起昆虫极度兴奋、痉挛与麻痹，能诱导产生神经毒素，最终导致神经传导阻断，还能引起其他组织产生病变。杀虫谱广，击倒迅速，持效期长，植物对它有良好的耐药性。无内吸及穿透性。对害虫具有迅速击倒和长残效作用。对棉花、小麦、玉米、蔬菜、番茄、苹果、柑橘、葡萄、油菜、大豆等作物上的刺吸式和咀嚼式口器的害虫均有效。

180. 高效氯氟氰菊酯的特点及防治对象

又称功夫菊酯。高效、广谱、速效拟除虫菊酯类杀虫、杀螨剂。以触杀和胃毒作用为主，无内吸作用。特点是抑制昆虫神经轴突部位的传导，对昆虫具有驱避、击倒及毒杀作用，杀虫谱广，活性较高，药效迅速，喷洒后耐雨水冲刷，但长期使用易对其产生抗性，对刺吸式口器的害虫及害螨有一定防效。它对螨虫有较好的抑制作用，在螨类发生初期使用，可抑制螨类数量上升，当螨类已大量发生时，就控制不住其数量，因此只能用于虫螨兼治，不能用作专用杀螨剂。防治麦芽、吸浆虫、黏虫、玉米螟、甜菜夜蛾、食心虫、卷叶蛾、潜叶蛾、凤蝶、吸果夜蛾、棉铃虫、棉红铃虫、菜青虫等，用于草原、草地、旱田作物防治草地螟等。

181. 高效氯氰菊酯的特点及防治对象

又称高效百灭可。氯氰菊酯的高效异构体，具有触杀和胃毒作用。杀虫谱广、击倒速度快，杀虫活性较氯氰菊酯高。适用于防治棉花、蔬菜、果树、茶树、森林等多种植物上的害虫及卫生害虫。

182. 环虫酰肼的特点及防治对象

又称克虫敌。害虫取食后几小时内抑制进食，同时引起害虫提前蜕皮导致死亡。对夜蛾和其他的毛虫，不论在哪个时期，环虫酰肼都有很强的杀虫活性。环虫酰肼不仅对哺乳动物、鸟类、水生生物低毒，而且对节肢动物类、捕食性蜱螨、蜘蛛、半翅目、鞘翅目（甲虫类）、寄生生物及环境无影响。对蔬菜、果树、茶树及水稻等作物上的鳞翅目害虫防治效果好。

183. 环氧虫啶的特点及防治对象

顺硝烯氧桥杂环新烟碱类杀虫剂，可以抑制激动剂和烟碱乙酰胆碱受体（nAChR）的反应，属于烟碱乙酰胆碱受体拮抗剂，不易与吡虫啉等新烟碱类杀虫剂产生交互抗性，因对哺乳动物和蜜蜂低毒和对作物安全等突出特点而被高度关注。该剂对稻飞虱、蚜虫和粉虱具有非常优异的杀虫活性，同时对鳞翅目、鞘翅目、双翅目的害虫也有效。用于水稻、蔬菜、果树、小麦、棉花和玉米等农业及园艺，既可用作茎叶处理，也可进行种子处理。具有触杀和内吸活性，化学结构和作用机理新颖，杀虫谱广，药效高，无交互抗性。

184. 甲萘威的特点及防治对象

又称西维因。作用于害虫神经系统的乙酰胆碱酯酶，具有触杀、胃毒作用，略有内吸性。用于稻、棉、茶、桑以及果树、林业等作物上的稻飞虱、稻纵卷叶螟、稻苞虫、棉铃虫、棉卷叶虫、茶小绿叶蝉、茶毛虫、桑尺蠖、蓟马、豆蚜、大豆食心虫、红铃虫、斜纹夜蛾、桃小食心虫、苹果刺蛾等。对蜜蜂高毒，不宜在开花期或养蜂区使用。对叶蝉、飞虱及一些不易防治的咀嚼式口器害虫如红铃虫有较好防效，但对螨类和大多数介壳虫毒力很小。西瓜对甲萘威敏感，容易产生药害，不宜使用。

185. 甲氧虫酰肼的特点及防治对象

干扰昆虫的正常生长发育、抑制摄食。杀虫对象选择性强，对鳞翅目害虫具有高度选择杀虫活性，以触杀作用为主，并具有一定的内吸作用。该药与抑制害虫蜕皮的药剂的作用机制相反，可在害虫整个幼虫期用药进行防治。对益虫、益螨安全，对环境友好。防治甜菜夜蛾、斜纹夜蛾、甘蓝夜蛾、菜青虫、棉铃虫、苹果食心虫、水稻二化螟、水稻螟虫、金纹细蛾、美国白蛾、松毛虫和尺蠖等。

186. 抗蚜威的特点及防治对象

又称辟蚜威，为杀蚜虫剂。具有触杀、胃毒，以及熏蒸、叶面渗透、根部内吸作用，可通过根部木质部转移。主要作用机制为抑制胆碱酯酶。对对有机磷产生抗性的蚜虫仍有杀灭作用。这是一种对蚜虫有特效的内吸性氨基甲酸酯类杀虫剂，能有效防治除棉蚜以外的所有蚜虫，杀虫迅速，但残效期短。用于防治粮食、果树、蔬菜、花卉、林业上的蚜虫，但是对棉蚜基本无效。

187. 联苯菊酯的特点及防治对象

又称天王星。为杀虫、杀螨剂，具有触杀、胃毒活性。作用于害虫神经系统钠离子通道，扰乱昆虫神经的正常生理，使之由兴奋、痉挛到麻痹而死亡。无内吸、熏蒸作用，杀虫谱广，作用迅速。在土壤中不移动，对环境较为安全，残效期较长。用于棉花、果树、蔬菜、茶叶等作物上棉铃虫、潜叶蛾、食心虫、卷叶蛾、菜青虫、小菜蛾、茶尺蠖、茶毛虫等鳞翅目害虫幼虫，以及白粉虱、蚜虫、棉红蜘蛛、山楂叶螨、柑橘红蜘蛛、菜蚜、茄子红蜘蛛、叶蝉、瘿螨等害虫害螨。

188. 硫虫酰胺的特点及防治对象

新型硫代双酰胺类杀虫剂，作用机理与氯虫苯甲酰胺相同，均为鱼尼丁受体调节剂，通过与鱼尼丁受体结合，打开钙离子通道，使细胞内的钙离子持续释放到肌浆中，进而与肌浆中的基质蛋白相结合，引起肌肉持续收缩，因此造成靶标害虫抽搐、麻痹和拒食等症状，最终死亡。作用方式为胃毒和内吸活性，可经茎、叶表面渗入植物体内，还可通过根部吸收，并在木质部移动。对稻纵卷叶螟、二化螟、大螟、小菜蛾、菜青虫、斜纹夜蛾、甜菜夜蛾、黏虫、棉铃虫和玉米螟等鳞翅目害虫的杀虫活性或田间防效多优于氯虫苯甲酰胺或与之相当。

189. 硫双威的特点及防治对象

又称硫双灭多威。低毒杀虫剂、杀螨剂。硫双威主要是胃毒作用，几乎没有触杀作用，无熏蒸和内吸作用，有较强的选择性，在土壤中残效期很短。杀虫活性与灭多威相当，但毒性为灭多威的十分之一。对鳞翅目害虫有特效，如棉铃虫、棉红铃虫、卷叶虫、食心虫、菜青虫、小菜蛾、茶细蛾；也用于防治鞘翅目、双翅目及膜翅目害虫。对蚜虫、螨类、叶蝉、蓟马等刺吸式口器害虫无效。

190. 氯虫苯甲酰胺的特点及防治对象

邻酰氨基苯甲酰胺类广谱杀虫剂，具有优良的速效性和持效性，无交互抗性等特性。以胃毒为主，兼具触杀活性，具有较强的内吸性，表现出杰出的杀幼虫活性和卵/幼共杀活性。作用机理为与鱼尼丁受体结合，导致细胞内源钙离子释放的失控和流失，使肌肉细胞的收缩功能难以为继，表现为进食迅速停止、乏力、反胃和肌肉瘫痪，直至死亡。可高效防治大量重要的鳞翅目害虫，对其他害虫，如某些鞘翅目、双翅目、半翅目和等翅目害虫也能进行有效防治，如草地贪夜蛾、斜纹夜蛾、食心虫、欧洲玉米螟、棉铃虫、烟夜蛾、小菜蛾、马铃薯甲虫、稻水象甲、豌豆潜叶蝇、白粉虱、烟粉虱、甘蔗白蚁等。主要应用对象包括玉米、棉花、葡萄、叶蔬、果蔬、果树、马铃薯、水稻、甘蔗、大豆、咖啡、烟草和草坪等。对哺乳动物的急性、亚慢性和慢性毒性极低；对非靶标生物如鸟、鱼、哺乳类、蚯蚓、微生物、藻类与其他植物以及许多非靶标节肢动物影响甚微；对主要寄生蜂、天敌和传粉昆虫几乎无不良影响。

191. 氯噻啉的特点及防治对象

一种噻唑杂环类新烟碱杀虫剂，低毒、广谱，尚未产生抗药性。作用机理是对害虫的突触受体具有神经传导阻断作用，与烟碱的作用机理相同。用于水稻、小麦、谷子、高粱、棉花、蔬菜、果树、烟叶等作物，可防治刺吸式口器害虫，如蚜虫、叶蝉、飞虱、蓟马、粉虱及其抗性品系，同时对鞘翅目、双翅目和鳞翅目害虫也有效，尤其对水稻二化螟、三化螟毒力很高。

192. 马拉硫磷的特点及防治对象

又称马拉松。高效、低毒、广谱有机磷类杀虫剂，具有触杀和胃毒作用，也有一定的熏蒸和渗透作用，对害虫击倒力强，但无内吸活性。其进入虫体后会氧化成马拉氧磷，从而更好发挥毒杀作用；其药效受温度影响较大，高温时效果好。防治飞虱、叶蝉、蓟马、蚜虫、黏虫、黄条跳甲、象甲、盲椿象、食心虫、蝗虫、菜青虫、豆天蛾、红蜘蛛、蠹蛾、茶树尺蠖、茶毛虫、松毛虫、杨毒蛾等，也用于防治仓库害虫。

193. 醚菊酯的特点及防治对象

又称多来宝。醚类拟除虫菊酯杀虫剂，击倒速度快，杀虫活性高，具有触杀和胃毒的特性。对半翅目飞虱科特效，同时对鳞翅目、直翅目、鞘翅目、双翅目和等翅目等多种害虫有很好的效果，尤其对水稻稻飞虱的防治效果显著，对卫生害虫也有良好效果，如蜚蠊。正常情况下持效期20天以上。可防治水稻、蔬菜、棉花、玉米以及林木等作物上多种害虫，如水稻灰飞虱、白背飞虱、褐飞虱、稻水象甲、小菜蛾、甘蓝青虫、甜菜夜蛾、斜纹夜蛾、棉铃虫、烟草夜蛾、棉红铃虫、玉米螟、松毛虫等。

194. 嘧啶氧磷的特点及防治对象

又称灭定磷。中等毒性有机磷类杀虫剂，具有胃毒和触杀作用，有内吸特性，对刺吸式口器害虫有效，对稻瘿蚊有特效。用于棉花、水稻、小麦、大豆、果树、甘蔗、茶树等作物上的鳞翅目害虫，如棉蚜、叶螨、稻飞虱、叶蝉、蓟马、稻瘿蚊、二化螟、三化螟、稻纵卷叶螟、甘蔗金龟子、桃小食心虫、蛴螬、蝼蛄、地老虎等。对高粱敏感，不宜使用。不宜在蔬菜等生长期很短的作物上使用。

195. 灭蝇胺的特点及防治对象

又称蝇得净。具有触杀、胃毒以及强内吸活性。作用机理是抑制昆虫表皮几丁质的合成，干扰蜕皮和化蛹过程，导致幼虫和蛹畸变，成虫羽化不全或受抑制，并且有非常强的选择性，主要对双翅目昆虫有活性。能使双翅目幼虫和蛹在发育过程中发生形态畸变，成虫羽化受抑制或不完全。用于各种瓜果、蔬菜、豆类以及观赏植物上的双翅目幼虫，如美洲斑潜蝇、南美斑潜蝇、豆秆黑潜蝇、葱斑潜蝇、三叶斑潜蝇、苍蝇、根蛆等。

196. 灭幼脲的特点及防治对象

又称灭幼脲Ⅲ号。主要是胃毒作用，对变态昆虫，特别是鳞翅目幼虫表现为很好的杀虫活性。其作用机理是通过抑制昆虫表皮几丁质合成酶的活性，干扰昆虫几丁质合成，导致昆虫不能正常蜕皮而死亡。在幼虫期施用，使害虫新表皮形成受阻，延缓发育，或缺乏硬度，不能正常蜕皮而导致死亡或形成畸形蛹死亡。对变态昆虫，特别是鳞翅目幼虫表现为很好的杀虫活性。用于十字花科蔬菜（如甘蓝）、果树（如苹果树、柑橘、梨等）、茶树以及林木等植物上的鳞翅目害虫，如菜青虫、小菜蛾、斜纹夜蛾、金纹细蛾、桃小食心虫、梨小食心虫、柑橘潜叶蛾、茶尺蠖、美国白蛾、松毛虫等，还可以防治卫生害虫，如蜚蠊等。

197. 哌虫啶的特点及防治对象

我国自主研发的新型高效、广谱、低毒新烟碱类杀虫剂，作用于昆虫神经轴突触受体，阻断神经传导作用。具有很好的内吸传导性能，对各种刺吸式口器害虫有效，具有杀虫速度快、防治效果高、持效期长、广谱、低毒等特点。用于防治飞虱、粉虱、蚜虫、叶蝉、蓟马、椿象等害虫及其抗性品系。受吡虫啉抗性靶标变异影响较小，对抗性品系如褐飞虱等有显著活性，兼有较强的杀螨作用。

198. 氰氟虫腙的特点及防治对象

又称艾法迪。与菊酯类或其他种类的农药无交互抗性。主要是胃毒作用，触杀作用较小，无内吸性。其作用机理是通过附着于钠离子通道的受体，阻断害虫神经元轴突膜上的钠离子通道，使钠离子不能通过轴突膜，进而抑制神经冲动，致使虫体麻痹，停止取食，最终死亡。用于防治水稻、棉花、蔬菜等作物上咀嚼式鳞翅目和鞘翅目害虫，如稻纵卷叶螟、甘蓝夜蛾、小菜蛾、甜菜夜蛾、菜粉蝶、菜心野螟、棉铃虫、棉红铃虫、小地老虎、水稻二化螟等。

199. 噻虫胺的特点及防治对象

又称可尼丁。属于广谱性新烟碱类杀虫剂，具有触杀和胃毒作用，有优异的内吸活性，适用于叶面喷雾、土壤处理。和其他烟碱类杀虫剂一样，作用于昆虫神经后突触的烟碱乙酰胆碱受体。对有机磷、氨基甲酸酯和拟除虫菊酯类具高抗性的害虫对噻虫胺无抗性。用于防治水稻、小麦、甘蔗、番茄、玉米、棉花、蔬菜、茶树、果树以及观赏植物上的刺吸式口器害虫，如稻飞虱、蚜虫、甘蔗螟、黄条跳甲、烟粉虱、木虱、叶蝉、蓟马、小地老虎、金针虫、蛴螬等。

200. 噻虫啉的特点及防治对象

又称天保。属于新烟碱类杀虫剂，具有较强的触杀、胃毒和内吸作用，对刺吸式口器害虫有特效。作用机理与其他传统杀虫剂有所不同，它主要作用于昆虫神经突触后膜，与烟碱乙酰胆碱受体结合，干扰昆虫神经系统正常传导，引起神经通道的阻塞，造成乙酰胆碱的大量积累，从而使昆虫异常兴奋，全身痉挛、麻痹死亡。与有机磷、氨基甲酸酯、拟除虫菊酯类常规杀虫剂无交互抗性，用于抗性治理。防治稻飞虱、蚜虫、粉虱、蛴螬、茶小绿叶蝉、苹果蠹蛾、苹果潜叶蛾、天牛、象甲等。

201. 噻虫嗪的特点及防治对象

又称阿克泰、锐胜。具有胃毒和触杀作用，并且有很强的内吸活性，用于叶面喷雾、土壤灌根和种子处理，施药后迅速被内吸，传导到植株各部位，对刺吸式害虫有良好的防效。用于玉米、水稻、小麦、棉花、花生、烟草、节瓜、茶树、蔬菜以及果树等作物上鳞翅目、鞘翅目、缨翅目和半翅目害虫，如稻飞虱、蚜虫、叶蝉、蓟马、粉虱、粉蚧、蛴螬、金龟子幼虫、跳甲、线虫等。

202. 噻嗪酮的特点及防治对象

又称稻虱净、扑虱灵。具有强触杀作用和胃毒作用。其作用机理是通过抑制昆虫表皮几丁质的合成，致使若虫蜕皮受阻，出现畸形，最终死亡。对半翅目的飞虱、叶蝉、粉虱及介壳虫类害虫有良好的防治效果，但对成虫没有直接杀伤力。用于防治水稻、小麦、马铃薯、瓜茄类、蔬菜、茶树以及果树等作物上多种害虫，如稻飞虱、茶小绿叶蝉、棉粉虱、柑橘粉蚧等。不能用于白菜和萝卜上，直接接触后白菜和萝卜会出现褐斑及绿叶白化等药害。

203. 三氟苯嘧啶的特点及防治对象

一种新型介离子类杀虫剂，亦为新型嘧啶酮类化合物，具有高效、持效、用量低和环境友好的特点。内吸性良好，耐雨水冲刷，较同类产品持效期长，对鳞翅目和半翅目害虫防效好。作用于昆虫的烟碱乙酰胆碱受体（nAChR），但与新烟碱类杀虫剂作用机理不同，是现有作用于nAChR

的杀虫剂中唯一起抑制作用的药剂，通过竞争性结合nAChR上的正构位结合位点，抑制该结合位点，减少昆虫的神经冲动或阻断神经传递，最终影响害虫取食、生殖等生理行为，导致死亡，能够有效防治对新烟碱类杀虫剂产生抗性的稻飞虱等害虫。主要用于防治褐飞虱、叶蝉等，且防效较好。对玉米蜡蝉、马铃薯叶蝉、水稻褐飞虱和二点黑尾叶蝉均具有较高活性，但对小菜蛾、秋黏虫和桃蚜等其他害虫的活性相对较低。

204. 三氟甲吡醚的特点及防治对象

高效、低毒杀虫剂，对鳞翅目害虫具有卓越的防效。由于其化学结构独特，与一般常用杀虫剂的作用机理均不同，故与现有鳞翅目杀虫剂无交互抗性。用于蔬菜（如甘蓝、大白菜等）、棉花、果树、辣椒、茄子等作物上防治鳞翅目、缨翅目、双翅目等害虫，如小菜蛾、菜粉蝶、甜菜夜蛾、斜纹夜蛾、棉铃虫、稻纵卷叶螟、烟草蓟马、潜叶蛾等。

205. 杀虫单的特点及防治对象

又称杀螟克、苏星。具有触杀和胃毒作用，并且有内吸活性，可以通过植物根部向上传导到地上各个部位。其作用机理与有机磷杀虫剂一样，为乙酰胆碱竞争性抑制剂。用于甘蔗、水稻以及蔬菜等作物上害虫，如甘蔗螟虫、水稻二化螟、三化螟、稻纵卷叶螟、稻蓟马、飞虱、叶蝉、菜青虫、小菜蛾等。对棉花有药害，不能在棉花上使用。

206. 杀虫环的特点及防治对象

又称类巴丹、易卫杀。具有神经毒性，致毒机理与其他沙蚕毒素类农药相似，在昆虫体内代谢为沙蚕毒素，通过抑制乙酰胆碱受体，阻断神经突触传导，导致昆虫麻痹死亡。但其毒效较为迟缓，中毒轻的个体还可以复活，可与速效农药混用以提高击倒力。用于防治水稻、玉米、马铃薯、茶叶、蔬菜以及果树等作物上多种害虫，如水稻二化螟、三化螟、蓟马、稻纵卷叶螟、亚洲玉米螟、菜青虫、小菜蛾、甘蓝夜蛾、菜蚜、马铃薯甲虫、柑橘潜叶蛾、苹果潜叶蛾、苹果蚜、桃蚜、梨星毛虫、苹果红蜘蛛等。

207. 杀虫双的特点及防治对象

又称杀虫丹、稻卫士。胃毒和触杀作用，并有一定的熏蒸和杀卵作用，具有很强的内吸传导活性，能通过植物根部吸收传导到植物各部位。用于防治水稻、玉米、小麦、甘蔗、豆类、蔬菜、茶树、果树以及森林等作物上的多种害虫，如水稻二化螟、三化螟、稻纵卷叶螟、稻蓟马、褐飞虱、叶蝉、菜青虫、小菜蛾、甘蓝夜蛾、菜蚜、黄条跳甲、亚洲玉米螟、茶小绿叶蝉、茶毛虫、梨小食心虫、桃蚜、柑橘潜叶蛾、苹果潜叶蛾、苹果蚜虫等。对马铃薯、高粱、棉花、豆类等会产生药害，甘蔗、白菜等十字花科蔬菜幼苗在夏季高温下对杀虫双敏感。

208. 杀铃脲的特点及防治对象

又称杀虫脲、杀虫隆。胃毒作用，有一定的杀卵作用，无内吸性，仅对咀嚼式口器害虫有效，对刺吸式口器害虫无效（木虱属和柑橘锈螨除外）。其作用机理与除虫脲类似，抑制昆虫体表几丁质合成，导致蜕皮和外骨骼形成受阻。用于玉米、棉花、大豆、蔬菜、果树以及林木等作物上多种害虫，如玉米螟、棉铃虫、金纹细蛾、菜青虫、小菜蛾、甘蓝夜蛾、柑橘潜叶蛾、橘小实蝇、松毛虫等。对水栖生物（特别是甲壳类）有毒。

209. 杀螟丹的特点及防治对象

又称杀螟单、巴丹。具有很强的胃毒作用和触杀作用，并且有一定的拒食和杀卵作用。其作用机理是通过结合昆虫神经系统乙酰胆碱受体，阻碍正常的神经传递冲动，导致昆虫麻痹死亡。用于防治水稻、玉米、小麦、棉花、甘蔗、马铃薯、蔬菜和果树等作物上多种害虫，如水稻二化螟、三化螟、稻纵卷叶螟、稻飞虱、稻瘿蚊、亚洲玉米螟、棉蚜、甘蔗条螟、小菜蛾、菜青虫、黄条跳甲、甘蓝夜蛾、茶小绿叶蝉、茶尺蠖、苹果潜叶蛾、梨小食心虫、桃小食心虫等。水稻扬花期或作物被雨露淋湿时不宜施药，喷药浓度高对水稻也会有药害，十字花科蔬菜幼苗对该药敏感，使用时小心。

210. 杀螟硫磷的特点及防治对象

又称杀螟松。作用于胆碱酯酶，具有触杀和胃毒作用，并有一定渗透作用。对鳞翅目幼虫有特效，也可防治半翅目、鞘翅目等害虫。对光稳定，遇高温易分解失效，碱性介质中水解，铁、锡、铝、铜等会引起该药分解。用于防治水稻、玉米、大麦、棉花、茶树、果树和蔬菜以及观赏植物等上多种害虫，如稻纵卷叶螟、稻飞虱、稻叶蝉、玉米象、赤拟谷盗、棉蚜、菜蚜、卷叶虫、茶小绿叶蝉、苹果叶蛾、桃蚜、桃小食心虫、柑橘潜叶蛾和苹果潜叶蛾等。对十字花科蔬菜和高粱等作物比较敏感，不宜使用。

211. 双丙环虫酯的特点及防治对象

双丙环虫酯作用于神经系统的一种或多种蛋白质而显示出杀虫活性。双丙环虫酯与现有杀虫剂和虫害管理系统无交互抗性。能有效防治刺吸式和吮吸式口器害虫（如蚜虫、粉虱、木虱、介壳虫、粉蚧和叶蝉等），可降低因昆虫介体传播的病毒病和细菌性病害，用于防治棉花、大豆、葫芦、梨果、核果、柑橘、生姜、芸薹属蔬菜、叶用和果用蔬菜、块茎和球茎蔬菜、移栽和观赏植物等，防治桃蚜、甘蓝蚜、莴苣蚜、棉蚜等，并对烟粉虱有一定的防控作用。

212. 顺式氯氰菊酯的特点及防治对象

又称高效灭百可。具有触杀和胃毒作用，并有一定的杀卵活性，无内吸性。其作用机理是通过抑制昆虫神经末梢的钠离子通道，干扰正常的神经传导，引起昆虫极度兴奋、痉挛、麻痹，最终死亡。用于防治棉花、玉米、小麦、豆类、瓜类、烟草、果树、蔬菜、茶树、花卉等植物上刺吸式和咀嚼式口器害虫，如棉铃虫、红铃虫、棉蚜、棉盲蝽、菜青虫、小菜蛾、蚜虫、大豆卷叶螟、大豆食心虫、柑橘潜叶蛾、柑橘红蜡蚧、荔枝蒂蛀虫、荔枝椿象、桃小食心虫、桃蚜、梨小食心虫、茶尺蠖、茶小绿叶蝉、茶毛虫、茶卷叶蛾等，以及卫生害虫，如蜚蠊、家蝇、蚊虫等。

213. 四氯虫酰胺的特点及防治对象

具有触杀和内吸作用。作用于昆虫鱼尼丁受体，打开钙离子通道，使细胞内钙离子持续释放到肌浆中，引起肌肉持续收缩，导致昆虫抽搐，最终死亡。对鳞翅目害虫有优异的防治效果，具有低毒、高效、低残留等特点，持效期长。用于水稻、蔬菜、棉花、瓜类、果树等作物上多种鳞翅目害虫，如稻纵卷叶螟、二化螟、三化螟、甜菜夜蛾、小菜蛾、菜青虫、棉铃虫、黏虫、桃小食心虫、柑橘潜叶蛾等。

214. 四唑虫酰胺的特点及防治对象

新型邻甲酰氨基苯甲酰胺类杀虫剂，又名氰氟虫酰胺，与氯虫苯甲酰胺、四氯虫酰胺和环溴虫酰胺等属于同类产品。以胃毒为主，具有较好的内吸传导活性，通过作用于害虫的鱼尼丁受体，引起细胞内钙离子无节制释放，导致害虫肌肉收缩、麻痹直至死亡。具有广谱的杀虫活性，防治害虫包括鳞翅目、鞘翅目、半翅目、缨翅目、双翅目和直翅目等多类别的害虫，且以卷叶蛾、潜叶蛾、食心虫和潜叶蝇等藏匿性害虫为主。对鸟类、鱼类、藻类、浮萍、蚯蚓和有益节肢动物等生物的毒性较低或风险较小，而对大型溞和摇蚊等水生无脊椎动物和底栖动物，以及蜜蜂等传粉媒介存在较大风险。

215. 速灭威的特点及防治对象

又称治灭虱。作用机理是通过抑制昆虫体内乙酰胆碱酯酶活性，导致昆虫因乙酰胆碱积累中毒而死亡。具有触杀和熏蒸作用，击倒力强、低毒、低残留，持效期较短。用于防治水稻、棉花、果树、蔬菜、茶树等作物上多种害虫，如稻飞虱、稻纵卷叶螟、叶蝉、蓟马、棉铃虫、棉红铃虫、棉蚜、柑橘锈壁虱、茶小绿叶蝉等。

216. 烯啶虫胺的特点及防治对象

又称吡虫胺、强星。具有触杀和胃毒作用，并且具有优良的内吸和渗透作用，高效、低毒、低残留、残效期长，对刺吸式口器害虫有良好的防治效果。作用于昆虫神经系统，对害虫的突触受体具有神经阻断作用，在自发放电后扩大隔膜位差，并最后使突触隔膜刺激下降，结果导致神经的轴突触隔膜电位通道刺激消失，致使害虫麻痹死亡。具有卓越的内吸性及渗透作用。用于防治水稻、蔬菜、果树和茶树等作物上多种害虫，如稻飞虱、蚜虫、叶蝉、粉虱、蓟马等。

217. 硝虫硫磷的特点及防治对象

有机磷类广谱性杀虫、杀螨剂，具有触杀、胃毒和强渗透作用，有高效、低毒、低残留、持效期长等特点，对柑橘矢尖蚧有优异的防治效果。其作用机理与其他有机磷杀虫剂相同。用于防治柑橘、水稻、棉花、小麦、茶叶、蔬菜等作物上害虫，如柑橘矢尖蚧、柑橘红蜘蛛、稻飞虱、蚜虫、棉铃虫、菜青虫、小菜蛾、黑刺粉虱等。

218. 辛硫磷的特点及防治对象

高效、低毒有机磷杀虫剂，可抑制昆虫体内胆碱酯酶活性，杀虫谱广，击倒力强，主要以触杀和胃毒作用为主，兼具一定的杀卵作用，无内吸性，对鳞翅目幼虫很有效。在田间因对光不稳定，很快分解，所以残留期短，残留危险小，但在土壤中较稳定，残效期可达1个月以上，尤其适用于土壤处理防治地下害虫。防治棉铃虫、棉蚜、稻纵卷叶螟、玉米螟、菜青虫、甜菜夜蛾、小菜蛾、烟青虫、桃小食心虫、梨小食心虫、苹果潜叶蛾、柑橘潜叶蛾、地老虎、金针虫、蝼蛄、蛴螬等以及各种食叶害虫、叶螨，还可以防治多种仓储、卫生害虫。某些蔬菜如黄瓜、菜豆、甜菜等对辛硫磷敏感，易产生药害。高粱对辛硫磷敏感，不宜喷洒使用；玉米田只能用颗粒剂防治玉米螟，不宜喷雾防治蚜虫、黏虫等。

219. 溴虫氟苯双酰胺的特点及防治对象

新型的间二酰胺类杀虫剂，高效，杀虫谱广，具有胃毒、触杀、渗透作用，无内吸性，具有良好的速效性、持效性，耐雨水冲刷。作用机理为γ-氨基丁酸门控氯离子通道调节剂，抑制神经传递，阻隔昆虫的抑制信号，打破昆虫神经系统的平衡状态，导致昆虫持续兴奋、抽搐，直至死亡。对鳞翅目（小菜蛾、斜纹夜蛾、甜菜夜蛾、棉铃虫、草地贪夜蛾等）、鞘翅目（黄曲条跳甲、小猿叶甲等）、蓟马类（棕榈蓟马、葱蓟马、烟蓟马等）害虫等高效；种子处理可防治谷物金针虫等，用于各类金针虫的幼虫阶段；还用于卫生害虫的防治，如白蚁、蚂蚁、蜚蠊、蝇、蚊等。

220. 溴虫腈的特点及防治对象

又称除尽。杀虫、杀螨剂，主要是胃毒作用，具有一定的触杀和杀卵作用，无内吸性，但具有良好的渗透作用，对钻蛀、刺吸式口器害虫和害螨的防效优异，持效期中等。溴虫腈是一种杀虫剂前体，本身对昆虫无毒杀作用。昆虫取食或接触后，溴虫腈在昆虫体内多功能氧化酶作用下转变为具有杀虫活性的化合物，作用于昆虫体细胞中的线粒体，阻断线粒体的氧化磷酰化作用，最终导致昆虫能量代谢不足而死亡。用于防治棉花、大豆、蔬菜、果树、茶树、桑树、观赏植物等植物上多种害虫、害螨，如小菜蛾、甜菜夜蛾、斜纹夜蛾、菜蚜、黄条跳甲、烟芽夜蛾、棉铃虫、棉红蜘蛛、美洲斑潜蝇、豆野螟、蓟马、红蜘蛛、茶尺蠖、茶小绿叶蝉、柑橘潜叶蛾、二斑叶螨、朱砂叶螨等，也用于防治白蚁。傍晚施药更有利于药效发挥。

221. 溴氰虫酰胺的特点及防治对象

作用机理是通过激活昆虫鱼尼丁受体，过度释放肌肉细胞内的钙离子，导致肌肉抽搐、麻痹，最终死亡。与氯虫苯甲酰胺比，溴氰虫酰胺具有更广谱的杀虫活性，对刺吸式口器害虫具有优异的防效，并且具有良好的渗透性和局部内吸传导活性。用于防治水稻、玉米、棉花、大豆、马铃薯、烟草、橄榄、葫芦、咖啡、蔬菜、果树、茶树、坚果类等作物上咀嚼式、刺吸式、锉吸式和舐吸式口器害虫，如粉虱、蚜虫、蓟马、木虱、潜叶蝇、甲虫等。

222. 溴氰菊酯的特点及防治对象

又称敌杀死。杀虫剂，杀虫谱广、击倒力强。以触杀和胃毒作用为主，无熏蒸和内吸作用，在高浓度下对一些害虫有驱避作用。对鳞翅目、直翅目、缨翅目、半翅目、双翅目、鞘翅目等多种害虫有效，但对蛾类、螨类、介壳虫、盲椿象等防效很低或基本无效。防治多种害虫，如蚜虫、棉铃虫、棉红铃虫、菜青虫、小菜蛾、斜纹夜蛾、甜菜夜蛾、黄守瓜、黄条跳甲、桃小食心虫、梨小食心虫、桃蛀螟、柑橘潜叶蛾、茶尺蠖、茶毛虫、刺蛾、茶细蛾、大豆食心虫、豆荚螟、豆野蛾、豆天蛾、芝麻天蛾、芝麻螟、菜粉蝶、斑粉蝶、烟青虫、甘蔗螟虫、麦田黏虫、松毛虫等，还可以防治仓储、卫生害虫。

223. 乙虫腈的特点及防治对象

广谱杀虫剂，具持效期较长、无交互抗性等特性。以触杀和胃毒作用为主，还兼具一定的内吸活性。作用机理为阻碍昆虫γ-氨基丁酸（GABA）控制的氯化物代谢，干扰氯离子通道，从而破坏中枢神经系统的正常活动，使昆虫致死。对鳞翅目、半翅目、鞘翅目、双翅目、缨翅目、直翅目、蜚蠊目、等翅目、膜翅目和蜱螨目等多种类别的害虫以及线虫具有广谱活性，对低龄幼虫活性优于高龄的，广泛用于水稻、果树、蔬菜、棉花、苜蓿、花生、大豆等多种行栽和特种作物种植、谷物贮藏，以及公共卫生和动物保健等非农用领域。推荐剂量下对作物安全，未见药害产生。

224. 异丙威的特点及防治对象

又称叶蝉散。作用于昆虫胆碱酯酶。具有触杀、内吸作用，并有一定的渗透作用，而且击倒力强，药效迅速，但残效期较短。用于防治水稻、棉花、甘蔗、马铃薯、瓜类、蔬菜等作物上害虫，如水稻叶蝉、飞虱、蚜虫、棉花盲椿象、蓟马、白粉虱、甘蔗扁飞虱、马铃薯甲虫、厩蝇等。

225. 抑食肼的特点及防治对象

又称虫死净。通过降低或抑制幼虫和成虫取食能力，促使昆虫加速蜕皮，减少产卵，阻碍昆虫繁殖达到杀虫作用。以胃毒作用为主，具有较强的内吸性，速效较差，但持效期较长。用于防治水稻、马铃薯、蔬菜、果树等作物上鳞翅目、鞘翅目、双翅目等多种害虫，如稻纵卷叶螟、稻黏虫、二化螟、马铃薯甲虫、菜青虫、斜纹夜蛾、小菜蛾、苹果蠹蛾、舞毒蛾、卷叶蛾等。

226. 茚虫威的特点及防治对象

又称安打。具有强烈的胃毒和触杀作用。其有独特的作用机理，在昆虫体内被水解酶迅速转化为DCJW（*N*-去甲氧羰基代谢物），由DCJW作用于昆虫神经细胞失活态电压门控钠离子通道，不可逆阻断昆虫体内的神经冲动传递，破坏神经冲动传递，导致害虫运动失调、不能进食、麻痹并最终死亡。药剂通过接触和取食进入昆虫体内，0～4h内昆虫即停止取食，随即被麻痹，昆虫的协调能力会下降（可导致幼虫从作物上落下），一般在药后24～60h内死亡，与其他杀虫剂不存在交互抗性，用于害虫的综合防治和抗性治理。茚虫威结构中仅*S*-异构体有活性。能防治多种害虫，如甜菜夜蛾、小菜蛾、菜青虫、斜纹夜蛾、甘蓝夜蛾、棉铃虫、烟青虫、卷叶蛾类、叶蝉、苹果蠹蛾、葡萄小食心虫、棉大卷叶蛾、金刚钻、马铃薯甲虫、牧草盲椿象等。

227. 仲丁威的特点及防治对象

具有强烈的触杀作用，并具一定胃毒、熏蒸和杀卵作用。对飞虱、叶蝉有特效，作用速度快，但残效期短。无内吸性，但有较强的渗透作用。用于防治水稻、小麦、棉花、茶叶、甘蔗等作物上害虫，如稻飞虱、叶蝉、蓟马、蚜虫、三化螟、稻纵卷叶螟、棉铃虫、棉蚜、象鼻虫等，以及卫生害虫，如蚊、蝇及蚊幼虫等。

228. 唑虫酰胺的特点及防治对象

又称捉虫朗。杀虫、杀螨剂。具毒性低、杀虫谱广、见效快、无交互抗性等特性。以触杀作用为主，无内吸性，还具有杀卵、拒食、抑制产卵及杀菌作用。作用机理为阻碍线粒体代谢系统中的电子传递系统复合体Ⅰ，使电子传递受到阻碍，昆虫不能提供和贮存能量，被称为线粒体电子传递复合体阻碍剂（METI）。用于防治蔬菜、果树、花卉、茶叶等作物上的鳞翅目、半翅目、甲虫目、膜翅目、双翅目、缨翅目等多种害虫及螨类，如小菜蛾、斜纹夜蛾、甜菜夜蛾、黄条跳甲、蓟马、蚜虫、潜叶蛾、螟虫、粉蚧、飞虱、斑潜蝇、柑橘锈螨、梨叶锈螨、番茄叶螨等。对黄瓜、茄子、番茄、白菜等幼苗可能有药害。

第四章

杀螨剂知识

229. 杀螨剂

螨类属于节肢动物门，蛛形纲，蜱螨亚纲。包括卵、若螨、幼螨、成螨。杀螨剂指用来预防或者控制蛛形纲中有害螨类的一类农药。

230. 专性杀螨剂

即通常所说的杀螨剂，指只杀螨不杀虫或以杀螨为主的农药。

231. 兼性杀螨剂

指以防治害虫或病菌为主、兼有杀螨活性的农药，这类农药又称杀虫杀螨剂或杀菌杀螨剂。

232. 常见作物的害螨种类

苹果：二斑叶螨、山楂叶螨（红蜘蛛）、苹果叶螨（全爪螨）；

桃、梨：山楂叶螨；

柑橘：柑橘全爪螨（红蜘蛛）、叶始螨（黄蜘蛛）、瘿螨（瘤壁虱）、锈螨（锈壁虱）；

棉花：二斑叶螨、神泽氏叶螨、朱砂叶螨、截形叶螨；

茶树：侧多食跗线螨、茶瘿螨、茶叶螨、短须螨；

蔬菜：番茄瘿螨、神泽氏叶螨、侧多食跗线螨。

233. 捕食螨及种类

专门以捕食植食性螨类为生，比如智利螨、钝绥螨、畸螯螨等。捕食螨类是消灭害螨的天敌，在以螨治螨中能发挥显著作用。捕食螨是许多益螨的总称，其范围包括胡瓜钝绥螨、智利小植绥螨、瑞氏钝绥螨、长毛钝绥螨、巴氏钝绥螨、加州钝绥螨、尼氏钝绥螨、纽氏钝绥螨、德氏钝绥螨和拟长毛钝绥螨等。

234. 杀螨剂的结构类型及作用方式

（1）按化学结构分类

① 有机氯杀螨剂，如三氯杀螨醇（禁用）、敌螨丹；

② 有机硫杀螨剂，如克螨特、杀螨硫醚、杀螨酯；

③ 有机锡杀螨剂，如苯丁锡、三唑锡；

④ 硝基苯类杀螨剂，如消螨通、乐杀螨；

⑤ 杂环类杀螨剂，如嘧螨酯、唑螨酯、噻螨酮、哒螨酮、四螨嗪等；

⑥ 脒类杀螨剂，如单甲脒、双甲脒；

⑦ 拟除虫菊酯类杀螨剂，如氟胺氰菊酯等；

⑧ 生物源杀螨剂，如浏阳霉素、阿维菌素、华光霉素。

（2）按照作用方式分类

① 呼吸链复合体抑制剂。通过抑制线粒体的呼吸作用来达到杀螨的效果。这类杀螨剂包括复合体Ⅰ的电子传递抑制剂（NADH脱氢酶），如唑螨酯、哒螨酮、喹螨醚、吡螨胺，以及硝基苯类杀螨剂等，其中，大多数属于杂环类杀螨剂。

② 生长抑制剂。通过抑制螨类的蜕皮和脂类物质的形成来影响螨类的生长发育。近年来研制的苯甲酰脲类、四嗪类、噁唑啉类等对螨的生长发育有较大的影响。

③ 神经性毒剂。这是传统杀螨剂的主要作用方式和机制。包括有机磷、有机氯、有机硫、氨基甲酸酯和拟除虫菊酯、大环内酯阿维菌素的类似物以及肼酯类化合物等。

（3）按照螨的虫态分类

① 以杀卵为主的杀螨剂；

② 以杀幼螨为主的杀螨剂；

③ 以杀成螨为主，同时对幼螨有很好控制作用的杀螨剂；

④ 对螨的各种螨态都有效的杀螨剂。

235. 杀螨剂使用注意事项

（1）把握最佳防治时期。根据螨类的特点，一般掌握在螨卵孵化的盛期施药。对于虫口数量，如果田间的天敌保护比较好，在螨数量少的时候可以不采用化学药剂防治，但在作物生长的重要时期，螨类的数量又比较多，可以考虑采用药剂来降低虫口数量。

（2）化学防治要与其他的防治措施相结合。在生产上要注意抗螨品种的利用、轮作和进行田间清洁等农业防治措施的应用，要注意发挥天敌的防治效果。

（3）对不同的害螨选择恰当的药剂。由于螨类的种类很多，一些药剂对这种螨有效，但对另一种螨就不一定有效。如叶螨科对有机磷和杀螨酯类比较敏感，而细须螨科则对有机磷类杀螨剂不敏感，三苯锡对叶螨的效果很好，对捕食螨和其他捕食昆虫却毒性很低；硫黄类对瘿螨科的多数种类和叶螨科的始叶螨属、小爪螨属以及跗线螨科的侧杂食线螨很有效，而对同是跗线螨科的狭跗线螨属的螨类效果不理想。

（4）轮换用药，避免螨类产生抗药性。在螨类化学防治中，最主要的问题是要避免害螨产生抗药性。要注意对不同作用机理的杀螨剂进行轮换使用，不能在同一季节、同一田块连续使用一种杀螨剂两次以上。

236. 苯丁锡的特点及防治对象

苯丁锡又名托尔克、抗螨锡、克螨锡等，是一种有机锡类长效专性杀螨剂，对对有机磷和有机氯有抗性的害螨有较好的防效。对害螨以触杀作用为主。持效期较长，可达2~5个月，为感温型杀螨剂，在冬季不宜使用。对幼螨、若螨和成螨药效均好。用于防治柑橘叶螨、柑橘锈螨、苹果叶螨、茶橙瘿螨、茶短须螨、菊花叶螨、玫瑰叶螨等。

237. 苯螨特的作用特点

对螨的各个发育期均显示较高的防治效果；该药具较强的速效性和残

效性，药后5～30天内能及时有效地控制虫口增长，同时该药能防治对其他杀螨剂产生抗药性的螨，对天敌和作物都安全。

238. 吡螨胺的作用特点

具有触杀和内吸作用，无交互抗性，对各种螨类和螨的发育全过程均有速效、高效、持效期长、毒性低、无内吸性（有渗透性）特性。

239. 虫螨腈的特点及防治对象

虫螨腈是新型吡咯类化合物，通过昆虫体内的多功能氧化酶起作用，主要抑制二磷酸腺苷（ADP）向三磷酸腺苷（ATP）转化。具有胃毒及触杀作用。在叶面渗透性强，有一定的内吸作用，且具有杀虫谱广、防效高、持效长、安全的特点。可以控制抗性害虫。可防治小菜蛾、菜青虫、甜菜夜蛾、斜纹夜蛾、菜螟、菜蚜、斑潜蝇、蓟马、螨类多种蔬菜害虫。

240. 哒螨灵的作用特点

又称速螨灵、哒螨酮，该制剂为广谱、触杀性杀螨剂，用于防治多种植物性害螨。对螨的整个生长期即卵、幼螨、若螨和成螨都有很好的效果，对移动期的成螨同样有明显的速杀作用。该药不受温度变化的影响，无论早春或秋季使用，均可以达到满意效果。

241. 氟螨嗪的作用特点

对成螨、若螨、幼螨及卵均有效。持效期长、低毒、低残留、安全性好。虽不能较快杀死雌成螨，但有很好的绝育作用。雌成螨触药后所产的卵有90%以上不能孵化，死于胚胎后期。该品在低浓度下有抑制害螨蜕皮和产卵的作用，稍高浓度就具有很好的触杀性，同时具有好的内吸性。

242. 腈吡螨酯的特点及防治对象

腈吡螨酯是新型丙烯腈类杀螨剂，属有机磷类农药，抑制害虫的神经系统，导致害虫死亡。具有强烈的触杀和胃毒作用，渗透性较强，无内吸作用，不易产生抗性，且速效性较好，与现有的主流杀虫剂无交互抗性。用于防治果树、柑橘、茶树、蔬菜等作物各类害螨，也可杀卵。

243. 喹螨醚的作用特点

具有触杀和胃毒活性，作用于线粒体呼吸链复合体Ⅰ，占据其与辅酶Q的结合位点，致使螨虫中毒死亡。兼有快速击倒作用和长期持效作用。对害螨的卵、若虫和成虫均具有很高的活性。

244. 螺虫乙酯的特点及防治对象

螺虫乙酯是一种新型季酮酸衍生物类杀虫剂，可以通过干扰昆虫的脂肪生物合成来导致幼虫死亡，降低成虫的繁殖能力。具有双向内吸传导作用。可有效防治棉花、大豆、柑橘、热带果树、坚果、葡萄、啤酒花、马铃薯等作物上蚜虫、蓟马、木虱、粉蚧、粉虱和介壳虫等各种刺吸式口器害虫。

245. 螺螨甲酯的作用特点

作用机制和作用方式与螺虫乙酯相似，通过抑制害虫脂肪合成过程的乙酰辅酶A羧化酶活性，阻断害虫正常的能量代谢，最终导致死亡。同时还可以产生卵巢管闭合作用，降低螨虫和粉虱成虫的繁殖能力，大大减少产卵数量。与其他已商品化的杀虫、杀螨剂没有交互抗性。

246. 螺螨双酯的作用特点及防治对象

螺螨双酯其作用机理为抑制害螨体内脂肪合成，阻断能量代谢。具有触杀和胃毒作用，对卵、若螨和雌成螨均有效，尤其杀卵效果突出，用于防治柑橘、苹果、桃树等果树上二斑叶螨、朱砂叶螨、锈壁虱、茶黄螨等多种害螨。

247. 螺螨酯的作用特点

又称螨危，对卵和若螨活性好，对卵防效最好。虽不杀雌成螨，但能使其绝育。持效期长达40～50天，果园建议花前使用。

248. 嘧螨胺的作用特点

嘧螨胺为甲氧基丙烯酸酯类杀螨剂。具有优异的杀成螨、若螨和杀卵活性，优于嘧螨酯，速效性优于螺螨酯。

249. 灭螨猛的作用特点

又称菌螨啉、螨离丹、甲基克杀螨，为选择性杀螨剂，兼有杀菌活性。对成虫、卵、幼虫都有效，对白粉病有特效。

250. 炔螨特的作用特点

又称克螨特，具有触杀和胃毒作用，对成、若螨有效，杀卵效果差。在温度20℃以上时，药效可提高。对柑橘嫩梢有药害，对甜橙幼果也有药害，在高温下用药对果实易产生日灼病，还会影响脐部附近褪绿。因此，用药时不得随意提高浓度。炔螨特是目前杀螨剂中不易出现抗性、药效较为稳定的品种之一。

251. 噻螨酮的作用特点

又称尼索朗，该药对植物表皮层具有较好的穿透性，但无内吸传导作用。对多种植物害螨具有强烈的杀卵、杀幼（若）螨的特性，对成螨无效，但对接触到药液的雌成虫所产的卵具有抑制孵化的作用。该药属非感温型杀螨剂，在高温或低温时使用的效果无显著差异，药效较迟缓，施药后7～10天达到药效高峰，持效期达40～50天，建议花前使用。

252. 三唑锡的作用特点

三唑锡又称倍乐霸、三唑环锡、倍杀螨。属广谱有机锡类杀螨剂，对若螨、成螨和夏卵都有较好的效果，但对越冬卵无效。三唑锡速效性好，残效期长，含三唑锡成分的杀螨剂在嫩梢期使用易引起药害。

253. 虱螨脲的特点及防治对象

虱螨脲是最新一代取代脲类杀虫剂，药剂通过干扰昆虫幼虫蜕皮而杀死害虫。用于防治棉花、玉米、蔬菜、果树上鳞翅目幼虫以及刺吸式口器害虫，还可作为卫生用药。

254. 四螨嗪的作用特点

又称阿波罗、螨死净，属高效、低毒广谱杀螨剂。对卵防治效果好，对若螨也有一定活性，对成螨效果差。四螨嗪药效迟缓，用药后10天才能显示出较好的防效，持效期长达50～60天，建议花前使用。

255. 溴螨酯的特点及防治对象

溴螨酯是有机溴化合物，是氧化磷酸化抑制剂，干扰害虫的ATP形成。用于防治苹果叶螨，柑橘叶螨、柑橘瘿螨，棉花叶螨，蔬菜叶螨，茶叶瘿螨、茶橙瘿螨、茶短须螨，菊花二点叶螨等，对成螨、幼螨、若螨、螨卵都有很强的触杀作用。

256. 乙螨唑的作用特点

乙螨唑为选择性触杀型杀螨剂。主要影响螨卵的胚胎形成以及从幼螨到成螨的蜕皮过程，对卵、幼螨有效，对成螨无效，但对雌性成螨具有很好的不育作用。具有内吸性和强耐雨性，持效期长达50天。

257. 乙唑螨腈的特点及防治对象

乙唑螨腈是一种新型的丙烯腈类杀螨剂，属于非内吸性杀螨剂。其在螨虫体内代谢转化成羟基化合物，抑制琥珀酸脱氢酶的作用，进而作用于呼吸电子传递链中复合体Ⅱ，破坏能量合成，达到防治作用。主要通过触杀以及胃毒作用杀死螨虫。用于防治二斑叶螨、朱砂叶螨、茶黄螨、棉红蜘蛛、苹果叶螨、柑橘全爪螨、枸杞瘿螨等多种害螨，并且对于螨卵、幼螨、若螨、成螨均有很好的灭杀作用。

258. 唑螨酯的作用特点及防治对象

唑螨酯又称霸螨灵，对卵、幼螨、若螨、成螨均有良好的防治效果，唑螨酯速效性强，持效期达30天以上，建议落花后使用。除了对害螨各个生育期（卵、幼螨、若螨、成螨）均有良好防治效果外，对二化螟、稻飞虱、小菜蛾、蚜虫等害虫具有良好的杀虫效果，与其他药剂无交互抗性。

第五章

杀线虫剂、杀螺剂等知识

259. 植物病原线虫

线虫又称蠕虫，是一类低等的无脊椎动物，通常生活在土壤、淡水、海水中，其中很多能寄生在人、动物和植物体内，引起病害。危害植物的称为植物病原线虫或植物寄生线虫，或简称植物线虫。危害较为严重的植物病原线虫有根结线虫、胞囊线虫、根腐线虫、根瘤线虫、茎线虫、半穿刺线虫、松材线虫、肾状线虫、叶线虫、长针线虫等。其中，根结线虫和胞囊线虫的危害最为严重。

260. 植物线虫病

植物受线虫危害后所表现的症状，与一般的病害症状相似，因此常称线虫病。根结线虫为害植物根部，在根部形成肿瘤状根结，初期是乳白色，后期变为黄褐色，直至腐烂成为黑褐色，随着线虫繁殖数量的增加，根结可连接成块，在侧根和须根也可呈念珠状的结构。胞囊线虫主要为害根部，造成根系不发达，支根减少，细根增多，根上附有白色的球状物（雌虫-胞囊）。另外，线虫侵入植株后，地上部分主要表现为植株生长缓慢，植株矮小，有暂时性萎蔫的情况。随着线虫损害根系的程度加重，植株出现嫩枝干枯，变脆易折的现象；叶片逐渐发黄，变小变薄，生长势十分衰弱，有时症状类似缺素症或者缺水、缺肥的状态。当根部危害进一步严重时，叶片会全部褪绿黄化，边缘卷曲，大量落叶，开花数量增加，结实少。最后，植株全部萎蔫枯死。

261. 杀线虫剂

用于防治植物病原线虫的药剂。大部分用于土壤处理，小部分用于种子、苗木处理。线虫通过土壤或种子传播，能破坏植物的根系，或侵入地上部分的器官，影响农作物的生长发育，还间接地传播由其他微生物引起的病害，造成很大的经济损失。

262. 杀线虫剂的分类

（1）按防治对象分类，一是专性杀线虫剂，即专门防治线虫的农药；二是兼性杀线虫剂，这类杀线虫剂兼有多种用途，如氯化苦、滴滴涕混剂对地下害虫、病原菌、线虫都有毒杀作用，棉隆能杀线虫、杀虫、杀菌、除草。

（2）按作物方式分类，分为熏蒸杀线虫剂和非熏蒸杀线虫剂。

（3）按化学结构分类，分为：①有机硫类，如二硫化碳、氧硫化碳。②卤代烃类，如氯化苦、碘甲烷等。这类杀线虫剂具有较高的蒸气压，多是土壤熏蒸剂，通过药剂在土壤中扩散而直接毒杀线虫。③硫代异硫氰酸甲酯类，如威百亩、棉隆。这类杀线虫剂能释放出硫代异硫氰酸甲酯使线虫中毒死亡。④有机磷类，如除线磷、丰索磷、丁线磷、丙线磷、氯唑磷（米乐尔）。⑤吡啶乙基苯甲酰胺类，如氟吡菌酰胺。⑥杂环氟代砜类，如氟噻虫砜。还有三氟咪啶酰胺、cyclobutrifluram、三氟杀线酯等尚未在国内登记的新型杀线虫剂。

263. 噻唑膦的作用特点

有机磷类杀线虫剂，具有触杀和内吸作用，毒性较低，对根结线虫、根腐（短体）线虫、胞囊线虫、茎线虫等有特效。作用方式为抑制根结线虫乙酰胆碱酯酶的合成，用于防治各类根结线虫、蚜虫等。在中国已取得了在黄瓜、番茄、西瓜上的登记，可广泛应用于蔬菜、香蕉、果树、药材等作物。

264. 氟噻虫砜的作用特点

氟代烯烃类硫醚化合物，对多种植物寄生线虫有防治作用，毒性低，如对有益和非靶标生物低毒，是许多氨基甲酸酯和有机磷类杀线虫剂等的"绿色"替代品。2014年在美国取得登记的非熏蒸性杀线虫剂。具防效好，持效期长，对哺乳动物、作物、环境安全等特点。通过触杀作用作用于线虫，线虫接触到此物质后活动减少，进而麻痹，暴露1h后停止取食，侵染能力下降，产卵能力下降，卵孵化率下降，孵化的幼虫不能成活，其不可逆的杀线虫作用可使线虫死亡。用于防治水果和瓜类蔬菜上的根结线虫，其为内吸性的非熏蒸杀线虫剂，也可防治为害农业和园艺作物的线虫。

265. 棉隆的作用特点

属于硫代异硫氰酸甲酯类杀线虫剂，并兼治真菌、地下害虫和杂草，是一种高效、低毒、无残留的环保型广谱性综合土壤熏蒸消毒剂。施用于潮湿的土壤中时，会产生一种异硫氰酸甲酯、甲醛、硫化氢气体，迅速扩散至土壤颗粒间，有效地杀灭土壤中各种线虫、病原菌、地下害虫及杂草种子，从而达到清洁土壤、疏松活化土壤的目的。但对鱼有毒性，易污染地下水，南方应慎用。

266. 威百亩的作用特点

属于二硫代氨基甲酸酯类杀线虫剂，主要是熏蒸作用，在土壤中降解成异氰酸甲酯发挥作用。通过抑制细胞分裂和DNA、RNA和蛋白质的合成，导致呼吸代谢受阻而死亡。并兼具杀菌、除草的作用。

267. 异硫氰酸烯丙酯的作用特点

俗称辣根素，在我国登记用于防治番茄根结线虫。一类广泛存在于辣根、芥菜和山葵等十字花科蔬菜中的天然含硫次生代谢物，对多数植物病原真菌、细菌、线虫及昆虫具有活性。是溴甲烷的潜在替代品，用于土壤处理有效杀灭或抑制土壤中的线虫、有害昆虫、病原菌及杂草。

268. 硫酰氟的作用特点

属低毒气体制剂，渗透性优于溴甲烷，对害虫有较强的熏杀作用。

为一种高效、低毒、低残留的优良熏蒸剂，具有杀虫广谱、渗透力强、用药量省、杀虫速度快、无腐蚀性、低温使用方便、散气时间短等特点，可广泛应用于仓库、货船、集装箱等的消毒治虫，建筑物、水库、堤坝白蚁的防治以及园林越冬害虫、活树蛀干性害虫、土壤根结线虫的防治。是口岸动植物检疫、卫生检疫、仓储行业使用的较为理想的熏蒸剂。

269. 氰氨化钙的作用特点

又名石灰氮、氰氨基化钙、碳氮化钙等，遇水分解形成可供植物吸收利用的铵态氮，常作为一种兼具土壤杀虫（菌）效果的氮素肥料在设施农业和果园中使用，也常作为缓释肥和土壤改良剂施用于酸性土壤。作为杀（线）虫剂，氰氨化钙颗粒肥能防治黄瓜、茄子、辣椒、番茄等设施栽培蔬菜的根结线虫病；对花生、大豆等大田作物根结线虫病也具有显著防治效果，但对香蕉等果树的根结线虫防治效果较差。

270. 氟烯线砜的作用特点

非熏蒸性杀线虫剂，低毒，具有触杀作用，是植物寄生线虫获取能量储备过程的代谢抑制剂。通过与线虫接触，抑制线虫获取脂质能量，抑制线虫能量储备，阻断线虫获取能量通道，从而杀死线虫。氟烯线砜对线虫的卵、幼虫、成虫3种形态均有较好的杀灭效果。作用于卵时，干扰卵中幼体的正常发育，降低孵化率及幼虫发育；作用于幼虫时，引起僵直和瘫痪，削弱口针推挤及取食活动，影响其代谢及脂肪积累。主要用于蔬菜、果树、马铃薯等，防治多种作物线虫，如爪哇根结线虫、南方根结线虫、北方根结线虫、刺线虫、马铃薯白线虫、哥伦比亚根结线虫、玉米短体线虫、花生根结线虫等。氟烯线砜对非靶标生物毒性低，是许多氨基甲酸酯类、有机磷类杀线虫剂的替代品。

271. 氟吡菌酰胺的作用特点

吡啶乙基苯甲酰胺类杀菌剂，为琥珀酸脱氢酶抑制剂。不仅具有杀菌作用，同时还是优秀的杀线虫剂，广谱、高效、内吸性好，具有渗透性，可向顶传导，用量很低，持效期长。产品的登记和使用使线虫防治进入“绿色+毫升”新时代，提高了杀线虫剂用药安全性的同时，也减少了农药使用量。用于防治根结线虫、根腐线虫、穿孔线虫、毛刺线虫、刺线虫、剑线虫、环线虫等多种线虫，对胞囊线虫也有很好的防效。同时，具有增强根系活力，增产又增收的功效。

272. 卫生杀虫剂

用于公共卫生领域控制病媒生物和影响人群生活的害虫的药剂，主要包括防治蚊、蝇、蚤、蟑螂、螨、蜱、蚁和鼠等病媒生物和害虫的非农用农药。使用卫生杀虫剂防治卫生害虫具有快速、高效、经济、简便的特点，成为目前使用最广泛、最有效的防治方法之一。我国《农药管理条例》规定将用于预防、消灭或者控制人和动物生活环境的蚊、蝇、蜚蠊等，及蛀虫、尘螨、霉菌和其他有害生物的卫生用药纳入农药登记管理范畴。

273. 卫生杀虫剂的分类

按化学结构将卫生杀虫剂分为：①有机氯类，国内大部分已停用。②有机磷类，如甲基嘧啶磷、马拉硫磷、倍硫磷、辛硫磷等。③氨基甲酸酯类，如仲丁威（巴沙）、残杀威等。④拟除虫菊酯类，主要有烯丙菊酯及其系列产品（右旋-烯丙菊酯，*SR*-生物烯丙菊酯）、胺菊酯及其系列产品（右旋胺菊酯）、氯氰菊酯及其系列产品（右旋氯氰菊酯，高效顺、反氯氰菊酯）、苯醚菊酯及其系列产品（右旋-苯醚菊酯）、溴氰菊酯、氯菊酯、甲醚菊酯、氰戊菊酯、氟氯氰菊酯。其中胺菊酯使用量最大，其次是氯氰菊酯、氰菊酯和溴氰菊酯。⑤生物杀虫剂及昆虫生长调节剂，如球形芽孢杆菌和苏云金杆菌等。

274. 卫生杀虫剂的制剂类型

目前生产和使用的剂型有粉剂、可湿性粉剂、胶悬剂、喷射剂（包括油剂、酊剂、水性乳剂、乳油）、气雾剂、盘式蚊香、电热蚊香、毒饵、粘捕剂、烟剂、杀虫涂料驱避剂等。以气雾剂、蚊香和电热蚊香液/片为主。

275. 蚊香的类型和有效成分

包括线式蚊香、盘式蚊香、片型电蚊香、液体电蚊香等。有效成分主要包括三类：有机磷类，如敌百虫、毒死蜱等，毒性最大；氨基甲酸酯类，如残杀威、混灭威等，毒性次之；菊酯类，包括丙炔菊酯、氯氟醚菊酯等，属于低毒农药。家有孩子或孕妇的一定不要点蚊香，如果选用蚊香，应选用低毒产品。

276. 驱蚊剂的有效成分

目前，用于化学驱蚊的主要活性成分为：①酰胺类，如避蚊胺（DEET）、*N*,*N*-二乙基苯乙酰胺（DEPA）、环烯酰胺等。②有机酯类，如浓卡瑞丁、驱蚊酯等。③生物驱避剂，如对薄荷烷-3,8-二醇（PMD）、植物精油及提取物等。婴幼儿、孕妇等特殊人群应选用天然植物成分的专用驱蚊剂。

277. 杀虫气雾剂的作用特点

原液和抛射剂一同封装在带有阀门的耐压罐中，使用时以雾状形式喷射出的制剂称为气雾剂。主要用于消灭蚊子、苍蝇、蚂蚁、蟑螂及其他害虫，具有杀灭效果好，便于携带、使用、储存等诸多优点。有效成分通常以击倒型杀虫剂与致死型杀虫剂复配的方式使用，主要有胺菊酯、氯菊酯、氯氰菊酯等。使用时要尽量减少同杀虫剂接触，如不要在施药房逗留，施药后立即离开，半小时后再打开门窗充分通风之后再进入。

278. *S*-烯虫酯的特点及防治对象

首个人工合成的昆虫保幼激素类似物，其作用机理与天然保幼激素相似，均是通过干扰昆虫正常的生长发育过程，使其发生滞育现象，形成多龄期幼虫或中间体，破坏幼虫向成虫的发育，从而抑制害虫的繁殖。与天然保幼激素JH3相比，具有稳定、活性高、易合成的优点，对环境和非靶标生物没有危害。属于昆虫调节剂的生物化学农药，对多种昆虫有活性。用途包括外环境防治蚊幼虫、红火蚁、跳蚤、虱子等，可通过直接添加入饲料中防治苍蝇，还可防治谷蠹、玉米象、赤拟谷盗、烟草甲虫等仓储害虫。

279. 有害软体动物种类

指危害农作物的蜗牛（俗称水牛儿、旱螺蛳）、蛞蝓（俗称鼻涕虫、蜒蚰）、田螺（俗称螺蛳）和血吸虫的中间寄主钉螺等。

280. 杀软体动物剂的分类

分为无机和有机杀软体动物剂两类。无机杀软体动物剂的代表品种有硫酸铜。有机杀软体动物剂按化学结构分为下列几类：①酚类，如五氯酚钠、杀螺胺（百螺杀、贝螺杀）。②吗啉类，如杀螺吗啉（蜗螺净）。③有机锡类，如氧化双三丁锡（丁蜗锡）。④沙蚕毒素类，如杀虫环（易卫杀、杀噻环、甲硫环）、硫环己烷盐酸盐（杀虫丁）。⑤其他，如四聚乙醛（密达、蜗牛敌、多聚乙醛）、灭梭威（灭旱螺）、硫酸烟酰苯胺。

281. 杀螺胺的作用特点

抑制虫体细胞内线粒体氧化磷酸化过程。能杀灭多种蜗牛、牛肉绦虫、猪肉绦虫、尾蚴等。在农业上用于杀灭稻田中的福寿螺；在公共卫生方面，用于杀灭钉螺。在水中迅速产生代谢变化，作用时间不长。用于商业养鱼塘，可以在鱼塘换新水之前杀死和清除不想要的鱼，使用这种杀鱼剂之后只需要过几天就可以放入新鱼。

282. 四聚乙醛的作用特点

选择性强的杀螺剂。当螺受引诱而取食或接触到药剂后，使螺体内乙酰胆碱酯酶大量释放，破坏螺体内特殊的黏液，使螺体迅速脱水，神经麻痹，并分泌黏液，由于大量体液的流失和细胞被破坏，导致螺体、蛞蝓等在短时间内中毒死亡。

283. 仓储害虫种类

常称储藏物害虫或仓库害虫，指破坏仓储粮食、物品的害虫，种类很多，常见的有甲虫、螨、蛾等，还有玉米象、谷蠹、绿豆象、豌豆象、麦蛾、大谷盗、谷象等。

284. 仓储害虫的防治药剂有哪几类

按作用方式可分为熏蒸剂和触杀性药剂。熏蒸作用的药剂包括：氯化苦、磷化氢、磷化铝等。触杀作用的药剂包括：马拉硫磷、虫螨磷、甲基嘧啶磷等。

285. 甲基嘧啶磷的作用特点

安全环保的新一代“触杀＋熏蒸”的专业仓储杀虫杀螨剂，具有强力的蒸气杀虫特性，即使害虫不与施药表面接触，蒸气也能杀死害虫。滞留持效长，喷洒滞留到墙壁及地面等惰性表面后，有数月的防治害虫的效力。对哺乳动物和其他非靶标动物低毒，对使用者和消费者低风险。无驱避活性，能够高效防治一些已对有机磷等杀虫剂产生抗性的害虫。能有效防治锈赤扁谷盗、印度谷蛾、麦蛾、玉米象和书虱等仓储害虫。应用于农产品的储存保护，包括应用于谷物、豆干、乳制品、鱼干、果干等进行短期或长期的昆虫和螨类控制，被认为是一款全球性的、杰出的仓储害虫杀虫剂。

第六章

杀菌剂知识

286. 杀菌剂

对病原微生物具有抑制和毒杀作用的化学物质。杀菌剂包括杀真菌剂、杀细菌剂、杀病毒剂、杀原生动物剂等。

287. 保护性杀菌剂

在病害流行前（即在病菌没有接触到寄主或在病菌侵入寄主前）施用于植物体可能受害的部位，以保护植物不受侵染的药剂。目前所用的杀菌剂大都属于这一类，如波尔多液、代森锌、灭菌丹、百菌清等。

288. 治疗性杀菌剂

在植物已经感病以后（即病菌已经侵入植物体或植物已出现轻度的病征、病状）施药，可渗入到植物组织内部，杀死萌发的病原孢子、病原体或中和病原的有毒代谢物以消除病征与病状的药剂。

289. 铲除性杀菌剂

对病原菌有直接强烈杀伤作用的药剂。可以通过熏蒸、内渗或直接触杀来杀死病原体而消除其危害。一般只用于植物休眠期或只用于种苗处理。

290. 杀菌作用和抑菌作用的区别

（1）病菌中毒的症状　病原菌中毒的症状主要表现为：菌丝生长受阻、畸形、扭曲等；孢子不能萌发；各种子实体、附着胞不能形成；细胞膨胀、原生质瓦解、细胞壁破坏；病菌长期处于静止状态。

（2）杀菌和抑菌的区别　从中毒症状看，杀菌主要表现为孢子不能萌发，而抑菌表现为菌丝生长受阻（非死亡），药剂解除后即可恢复生长。从作用机制看，杀菌主要是影响生物氧化（孢子萌发需要较多的能量），而抑菌主要是影响生物合成（菌丝生长耗能较少）。

（3）杀菌和抑菌的影响因素

① 药剂本身的性质：一般来说，重金属盐类、有机硫类杀菌剂多表现为杀菌作用，而许多内吸杀菌剂，特别是农用抗菌素则常表现为抑菌作用。

② 药剂浓度：一般来说，杀菌剂在低浓度时表现为抑菌作用，而高浓度时表现为杀菌作用。

③ 药剂作用时间：作用时间短，常表现为抑菌作用，延长作用时间，则表现为杀菌作用。

291. 杀菌剂施用方法

主要有喷雾法、喷粉法、种子处理法、土壤处理法。

292. 杀菌剂的作用机理

（1）抑制或干扰病菌能量的生成；

（2）抑制或干扰病菌的生物合成；

（3）对病菌的间接作用。

293. 植物病害化学防治

使用化学药剂处理植物及其生长环境，以减少或消灭病原生物或改变植物代谢过程，提高植物抗病能力而达到预防或阻止病害发生和发展的目的。

294. 非内吸性杀菌剂的特点

（1）广谱性，一种药剂能够防治的病害种类较多。

（2）药剂多在植物体表形成药剂沉积，以保护植物不受病菌侵染。有些药剂虽能就近渗入植物体内，但却不能传导至未直接施药的部位。

（3）一般作为预防性施药，即在病原菌尚未侵入植物体时用药。第一次施药时期是否合适，至关重要，常常会影响整个生长季节的防治效果。

（4）在植物体上形成的药液是否均匀，会明显地影响药效。因此，要施药规范，务必使药液（粒）在植物体表面沉积分布均匀。

（5）由于药剂附着在植物体表，所以，诸如降水、温度、刮风等天气因素常直接影响药剂的再分布、稳定、存留和流失，从而影响药剂效果。

（6）与内吸性杀菌剂相比，非内吸性杀菌剂较不易诱发病菌产生抗药性。

295. 内吸性杀菌剂的特点

（1）药剂被植物内吸后，在植物体内进行质外体运转，即从下而上单向输导，灌根或拌种可使药剂从根部吸收后由木质部向上输导，发挥良好的防病效果；叶部喷雾，药剂内吸分布在植物有蒸腾作用的器官，没有蒸腾作用的器官如花、果则很少有或没有药到达；有些内吸剂在没有光照的情况下，在植物体内不会输导，如哌嗪类；有些内吸剂会大量集中到病部，健康部位很少有药，在完全无病的叶片上则大量集中在叶缘，如氧化萎锈灵。这样的输导和分布特点，会给防病作用带来一定的不良影响。

（2）药剂在木本植物体内的移动性较草本植物差。

（3）有些化合物可以抗病菌穿透，影响致病过程，如三环唑；有些化合物可以提高寄主植物抗病性，是植物抗病性系统的激活剂。

296. 抗药性的生理生化机制

病菌抗药性的生理生化机制，在于敏感点（作用部位）的变化。由于选择旁路而越过作用部位，减少对毒物的吸收或提高对毒物的解毒作用，使转化为更毒化合物的能力下降。前两点对单作用点杀菌剂的抗性发展较为重要，后两点对单一或多作用点的杀菌剂抗性发展很重要。

297. 抗药性治理对策的基本原则

应用混配的方法使对具有抗药风险的杀菌剂处于最低的病菌选择之下，基础对策是考虑用药环境的有关因素；治理对策应在抗药性问题形成之前制订实施。

（1）使用混合药剂。有抗药风险的杀菌剂应当和多作用点的常规杀菌剂或另一单作用点而无正交互抗性关系的药剂混合使用。混合药剂要减量，但常规药剂不减，目的是保证药效而降低有抗药风险药剂的选择压。

（2）轮换用药。有抗药风险的药剂与另一无交互抗性的药剂轮用或交替使用，每一药剂应当按常规药量使用，用药的对策是抗药风险的药剂不可连续使用，以避免连续选择，如其中一个药出现抗药性，在产生抗药性之前应减少或限制使用，而两种药同时出现抗药性的机会很少。

（3）混用与轮用相结合。在极端条件下使用混用与轮用相结合的策略，以保护有抗药风险的药剂。

（4）限制喷药次数。在每个生长季中限制喷药次数，这是降低选择压最简单的方法，一般高效药剂应用在防治关键时期。

（5）施药的时机和药剂的适合程度。在病菌侵染压最高时施药，会因选择形成更大的抗药选择压，因此，有抗药风险的药剂要在病菌群体最小最弱时使用，在产后病害防治中不能再用有交互抗性关系的药剂。

298. 防治植物细菌病害的药剂

细菌性病害用中生菌素、乙蒜素、多抗霉素、辛菌胺乙酸盐、氯溴异氰尿酸、春雷·王铜、噻菌铜、噻森铜、喹啉铜、氢氧化铜、氧化亚铜、氧氯化铜、甲霜铜、络氨铜、松脂酸铜等进行防治。

299. 防治植物病毒病的药剂

防治植物病毒病的药剂有盐酸吗啉胍、盐酸吗啉胍·铜、利巴韦林、宁南霉素、毒氟磷、香菇多糖、壳寡糖类药物、次氯异溴尿酸、嘧啶核苷类抗生素。

300. 百菌清的特点及防治对象

百菌清又称达克宁。广谱、保护性杀菌剂。作用机理是能与真菌细胞中的3-磷酸甘油醛脱氢酶发生作用，与该酶中含有半胱氨酸的蛋白质结合，从而破坏该酶的活性，使真菌细胞的新陈代谢受破坏而失去生命力。百菌清在作物表面起保护作用，对已侵入植物体内的病菌无作用，对施药后新长出的植物部分亦不能起到保护作用。药效稳定，残效期长。用于防治甘蓝黑斑病、霜霉病，菜豆锈病、灰霉病及炭疽病，芹菜叶斑病，马铃薯晚疫病、早疫病及灰霉病，番茄早疫病、晚疫病、叶霉病、斑枯病，各种瓜类上的炭疽病、霜霉病等。梨、柿对百菌清较敏感，对玫瑰花有药害。

301. 苯并烯氟菌唑的特点及防治对象

苯并烯氟菌唑是吡唑酰胺类杀菌剂，作用于病原菌线粒体呼吸电子传递链上的复合酶Ⅱ，引起三羧酸循环障碍，使得病原菌因能量匮乏而死亡。用于防治块茎植物早疫病，马铃薯黑痣病，豆类的叶斑病、炭疽病，亚洲大豆锈病，大豆斑枯病，大豆灰斑病和荚秆枯腐病等。

302. 苯菌灵的特点及防治对象

苯菌灵为高效广谱、内吸性杀菌剂，具有保护、治疗和铲除等作用。另外，还具有杀螨、杀线虫活性。杀菌方式与多菌灵相同，通过抑制病菌细胞分裂过程中纺锤体的形成而导致病菌死亡。对子囊菌亚门、半知菌亚门及某些担子菌亚门的真菌引起的病害有良好的抑制活性，对锈菌、鞭毛菌和结核菌无效。用于防治白粉病、赤霉病、稻瘟病、疮痂病、炭疽病、灰霉病、叶霉病、黑星病、灰斑病、茎枯病、菌核病、褐斑病、黑斑病和腐烂病等。

303. 苯菌酮的特点及防治对象

苯菌酮又称灭芬农，通过干扰孢子萌发时的附着胞的发育与形成，抑制白粉病的孢子萌发，其次通过干扰极性肌动蛋白组织的形成，使病菌的菌丝体顶端细胞的形成受到干扰和抑制，从而阻碍了菌丝体的正常发育与生长，抑制和阻碍了白粉病菌的侵害。对各类白粉病有良好的保护、治疗、铲除和抑制产孢的作用，尤其对禾谷类作物白粉病有特效。主要用于谷类、葡萄和黄瓜等作物防治白粉病和眼点病。

304. 苯醚甲环唑的特点及防治对象

苯醚甲环唑又称世高。内吸性杀菌剂，具保护和治疗作用。抗菌机制是抑制细胞壁甾醇的生物合成，可阻止真菌的生长。杀菌谱广，对子囊菌亚门、担子菌亚门和包括链格孢属、壳二孢属、尾孢霉属、刺盘孢属、球座菌属、茎点霉属、柱隔孢属、壳针孢属、黑星菌属在内的半知菌，白粉菌科真菌，锈菌目及某些种传病菌有持久的保护和治疗作用。对葡萄炭疽病、白腐病效果也很好。叶面处理或种子处理可提高作物的产量和保证品质。在发病初期进行喷药效果最佳。

305. 苯酰菌胺的特点及防治对象

苯酰菌胺是一种高效保护性杀菌剂，持效期长，耐雨水冲刷能力好。作用机理是通过微管蛋白β-亚基的结合和微管细胞骨架的破裂来抑制菌核分裂。不影响游动孢子的游动、孢囊形成和萌发，伴随菌核分裂的第一个循环，芽管的伸长受到抑制，从而阻止病菌穿透寄主植物。防治卵菌纲病害如马铃薯晚疫病和番茄晚疫病、黄瓜霜霉病和葡萄霜霉病，对葡萄霜霉病有特效。对蚜茧蜂和草蛉有危害。

306. 苯氧菌胺的特点及防治对象

苯氧菌胺是甲氧基丙烯酸酯类杀菌剂，通过抑制细胞色素b和c_1间电子转移干扰线粒体的呼吸。具有保护、治疗、铲除、内吸活性。对14-脱甲基化酶抑制剂、苯甲酰胺类、二羧酰胺类和苯并咪唑类产生抗性的菌株均有效。用于防治卵菌纲病害如马铃薯和番茄晚疫病、黄瓜霜霉病及葡萄霜霉病等病害。

307. 吡噻菌胺的特点及防治对象

吡噻菌胺又称富美实。高活性、杀菌谱广、无交互抗性，通过抑制琥珀酸脱氢酶，破坏病菌呼吸而发挥效果，使病原菌因呼吸受阻而死亡。用于防治锈病、菌核病、灰霉病、霜霉病、苹果黑星病和白粉病。

308. 吡唑醚菌酯的特点及防治对象

吡唑醚菌酯又称凯润。新型广谱杀菌剂，具有保护、治疗、叶片渗透传导作用。作用机理为线粒体呼吸抑制剂，即通过在细胞色素合成中阻止电子转移发挥作用。它能控制子囊菌亚门、担子菌亚门、半知菌亚门、鞭毛菌亚门卵菌纲等大多数病害。对孢子萌发及叶内菌丝体的生长有很强的抑制作用。具有渗透性及局部内吸活性，持效期长，耐雨水冲刷。用于防治黄瓜白粉病、霜霉病和香蕉黑星病、叶斑病、菌核病等。

309. 吡唑萘菌胺的特点及防治对象

吡唑萘菌胺又称双环氟唑菌胺。作用机理是抑制线粒体内膜上电子传递链中的琥珀酸脱氢酶或琥珀酸泛醌还原酶的活性，使得病原真菌无法经由呼吸作用产生能量，进而阻止病菌的生长。在田间对病害的防效高，持效期长，且增产效果显著。在黄瓜白粉病发病初期使用，安全间隔期为3天。

310. 丙环唑的特点及防治对象

又称敌力脱、必扑尔。一种具有治疗和保护双重作用的内吸性三唑类广谱杀菌剂。作用机理是影响甾醇的生物合成，使病原菌的细胞膜功能受到破坏，最终导致细胞死亡，从而起到杀菌、防病和治病的功效。可被根、茎、叶部吸收，快速地在植物体内向上传导。用于防治子囊菌亚门、担子菌亚门和半知菌亚门真菌引起的病害，对卵菌类病害无效。特别是对小麦根腐病、白粉病、颖枯病、纹枯病、锈病、叶枯病，大麦网斑病，葡萄白粉病，水稻恶苗病等有较好的防治效果。

311. 丙硫菌唑的特点及防治对象

丙硫菌唑具有很好的内吸活性，优异的保护、治疗和铲除活性，且持效期长。作用机理是抑制真菌中甾醇的前体-羊毛甾醇或24-亚甲基二氢羊毛甾醇14位上的脱甲基化作用，即脱甲基化抑制剂。丙硫菌唑及其代谢物在土壤中表现出相当低的淋溶和积累作用。丙硫菌唑具有良好的生物毒性和生态毒性，对使用者和环境安全。对所有麦类病害都有很好的防治效果，如小麦和大麦的白粉病、纹枯病、枯萎病、叶斑病、锈病、菌核病、网斑病、云纹病等。还能防治油菜和花生的土传病害，如菌核病，以及主要叶面病害，如灰霉病、黑斑病、褐斑病、黑胫病、菌核病和锈病等。

312. 丙森锌的特点及防治对象

丙森锌又称安泰生。为持效期长、速效性好、广谱的保护性杀菌剂，影响真菌细胞壁和蛋白质的合成，并抑制病原菌体内丙酮酸氧化，从而抑制病原菌孢子的侵染和萌发以及菌丝体的生长。该药含有易于被作物吸收的锌元素，可以促进作物生长、提高果实品质。用于防治白菜霜霉病、黄瓜霜霉病、番茄早晚疫病、杧果炭疽病。尤其对蔬菜、烟草、啤酒花等作物的霜霉病以及番茄和马铃薯的早、晚疫病有良好的保护作用，并且对白粉病、锈病和葡萄孢属病菌引起的病害也有一定的抑制作用。

313. 波尔多液的特点及防治对象

波尔多液是无机铜保护性杀菌剂，通过释放可溶性铜离子使得病原菌细胞中的蛋白质凝固达到杀菌效果。用于防治蔬菜、果树、棉、麻等的多种病害，对霜霉病和炭疽病，马铃薯晚疫病等叶部病害效果明显。

314. 代森铵的特点及防治对象

代森铵属有机硫制剂，主要起保护作用，因药液能渗入植物表皮，又兼有治疗作用。用于防治白粉病、霜霉病、叶斑病、立枯病、炭疽病等多种叶部病害以及立枯病、猝倒病等土传病害。

315. 代森联的特点及防治对象

又称品润。一种优良的保护性杀菌剂。由于其杀菌范围广、不易产生抗性，防治效果明显优于其他同类杀菌剂，所以在国际上用量一直较大。代森联也是目前其他保护性杀菌剂的替代产品。对早疫病、晚疫病、疫病、霜霉病、黑胫病、叶霉病、叶斑病、紫斑病、斑枯病、褐斑病、黑斑病、黑星病、疮痂病、炭疽病、轮纹病、斑点落叶病、锈病等多种真菌性病害均具有很好的预防效果。

316. 代森锰锌的特点及防治对象

代森锰锌又称叶斑清、大生。高效、低毒、广谱的保护性杀菌剂。作用机制是和参与丙酮酸氧化过程的二硫辛酸脱氢酶中的巯基结合，从而抑制菌体内丙酮酸的氧化。可以与内吸性杀菌剂混配使用，来延缓耐药性的产生。对果树、蔬菜上的炭疽病和早疫病等有效。主要防治梨黑星病，柑橘疮痂病、溃疡病，苹果斑点落叶病，葡萄霜霉病，荔枝霜霉病、疫霉病，青椒疫病，黄瓜、香瓜、西瓜霜霉病，番茄疫病，棉花烂铃病，小麦锈病、白粉病，玉米大斑、条斑病，烟草黑胫病，山药炭疽病、褐腐病、根颈腐病、斑点落叶病等。

317. 代森锌的特点及防治对象

又称锌乃浦、培金。低毒、广谱杀菌剂。代森锌的化学性质比较活泼，在水中容易氧化成异硫氰化物，该化合物对病原菌体内含有—SH基的酶具有很强的抑制作用，并能直接杀死病原菌孢子并抑制孢子发芽，防止病菌侵入植物体内，但对已侵入植物体内的病原菌丝体的杀伤作用很小。因此，在病害初期使用代森锌防治植物病害，才能取得较好的防治效果。用于防治白菜、黄瓜霜霉病，番茄炭疽病，马铃薯晚疫病，葡萄白腐病、黑斑病，苹果、梨黑星病等。葫芦科蔬菜对锌敏感，用药时要严格掌握浓度。

318. 稻瘟灵的特点及防治对象

又称富士一号。具有保护和治疗作用，能够使稻瘟病菌分生孢子失去侵入宿主的能力，阻碍磷脂（由甲基化生成的磷脂酰胆碱）合成，对病菌含甾醇族化合物的脂类代谢有影响，对病菌细胞壁成分有影响，能抑制菌丝侵入，防止吸器形成，控制芽孢生成和病斑扩大。具有渗透性，通过根和叶吸收，向上向下传导，从而转移到整个植株。用于防治水稻稻瘟病（叶瘟和穗瘟），果树、茶树、桑树、块根蔬菜上的根腐病。

319. 稻瘟酰胺的特点及防治对象

稻瘟酰胺属苯氧酰胺类杀菌剂，主要通过抑制稻瘟病病菌孢子附着胞中黑色素的合成，影响病菌对植物的侵染，从而保护水稻免受稻瘟病菌危害，是防治水稻稻瘟病的有效药剂。与保护性杀菌剂混用，还能防治葡萄霜霉病、马铃薯和番茄晚疫病。

320. 敌磺钠的特点及防治对象

又称敌克松。内吸性杀菌剂，具有一定内吸渗透性，以保护作用为主，也具有良好的治疗效果。施药后经根、茎吸收并传导，是较好的种子和土壤处理剂。遇光易分解。用于种子处理和土壤处理，也可喷雾。用于防治稻瘟病、稻恶苗病、锈病、猝倒病、白粉病、疫病、黑斑病、炭疽病、霜霉病、立枯病、根腐病和茎腐病，以及粮食作物的小麦网腥黑穗病、腥黑穗病。

321. 敌瘟磷的特点及防治对象

有机磷杀菌剂，主要抑制病菌的几丁质合成和脂质代谢，使病原菌失去繁殖和侵染能力，从而达到杀死病原菌的目的。具有内吸作用，兼有保护和治疗作用，用于防治稻瘟病，对水稻叶瘟、穗颈瘟、苗瘟以及麦类赤霉病，水稻小粒菌核病、水稻纹枯病，玉米大斑病、小斑病，胡麻叶斑病等有防效。

322. 丁苯吗啉的特点及防治对象

内吸性杀菌剂，能够向顶传导，对新生叶保护作用时间长达3～4周，具有保护和治疗作用，是麦角甾醇生物合成抑制剂，能够改变孢子的形态和细胞膜的结构，并影响其功能，使病原菌受抑制或死亡。用于防治柄锈菌属、黑麦喙孢，禾谷类作物的白粉菌、豆类白粉菌、甜菜白粉菌等引起的真菌病害，如麦类白粉病。还可防治麦类叶锈病和禾谷类黑穗病、棉花立枯病等。

323. 啶菌噁唑的特点及防治对象

啶菌噁唑属于新型噁唑类杀菌剂，是甾醇合成抑制剂。具有广谱的杀菌活性，同时具有保护和治疗作用，还具有良好的内吸性。通过根部施药就能有效地控制地上叶部病害的发生与危害。用于防治番茄灰霉病、黄瓜灰霉病、草莓灰霉病等，除此外对子囊菌、担子菌、半知菌引起的多种病害都有良好防治效果。

324. 啶酰菌胺的特点及防治对象

啶酰菌胺具有保护和治疗作用，可抑制孢子萌发、芽管延伸、菌丝生长，以及影响孢子母细胞形成，杀菌作用由母体活性物质直接引起，没有相应代谢活性。与多菌灵、腐霉利等无交互抗性。除了杀菌活性外，本品还显示出对红蜘蛛等的杀螨活性。用于防治白粉病、灰霉病、各种腐烂病、褐根病和根腐病。在黄瓜上施药的时候，应注意高温、干燥条件下易发生烧叶、烧果现象。葡萄等果树上施药，应避免与渗透展开剂、叶面液肥混用。

325. 啶氧菌酯的特点及防治对象

广谱、内吸性杀菌剂。线粒体呼吸抑制剂，即通过抑制细胞色素b和c_1间电子转移影响线粒体的呼吸。对对14-脱甲基化酶抑制剂、苯甲酰胺类、三羧酰胺类和苯并咪唑类产生抗性的菌株有效。啶氧菌酯一旦被叶片吸收，就会在木质部中移动，随水流在运输系统中流动；它还在叶片表面的气相中流动，并随着从气相中吸收进入叶片后又在木质部中流动。用于防治麦类的叶面病害，如叶枯病、叶锈病、颖枯病、褐斑病、白粉病等，与现有甲氧丙烯酸酯类杀菌剂相比，对小麦叶枯病、网斑病和云纹病有更强的治疗效果。

326. 多果定的特点及防治对象

又称多乐果。非内吸性保护性杀菌剂，可破坏真菌细胞膜通透性，引起细胞内含物外渗。可防治蔬菜、果树、观赏植物和树木的多种真菌病害。

327. 多菌灵的特点及防治对象

又称棉萎丹、棉萎灵。为高效、低残留的内吸性广谱药剂，可通过种子和植物叶片渗入到植物体内，耐雨水冲刷，持效期长。对许多高等真菌病害均有较好的保护和治疗作用，对真菌和细菌的病害无效。作用机制是干扰真菌细胞有丝分裂中纺锤体的形成，从而影响细胞分裂，导致病菌死亡。多菌灵对许多植物的根部、叶片、花、果实及贮运期的多种真菌病害均具有良好的治疗和预防作用。用于防治瓜类白粉病、疫病，番茄早疫病，豆类炭疽病、疫病，油菜菌核病，茄子、黄瓜菌核病，瓜类、菜豆炭疽病，豌豆白粉病，十字花科蔬菜、番茄、莴苣、菜豆菌核病，番茄、黄瓜、菜豆灰霉病，十字花科蔬菜白斑病，豇豆煤霉病，芹菜早疫病（斑点病）等真菌病害。

328. 噁霉灵的特点及防治对象

又称土菌消、立枯灵。内吸性高效农药杀菌剂、土壤消毒剂。噁霉灵能有效抑制病原真菌菌丝体的正常生长或直接杀死病菌，又能促进植物生长；并能够促进作物根系生长发育、生根壮苗，提高农作物的成活率。噁霉灵的渗透率极高，2h就能移动到茎部，20h移动至植物全身。用于防治鞭毛菌、子囊菌、担子菌、半知菌的腐霉菌、镰刀菌、丝核菌、伏革菌、根壳菌、雪霉菌等。作为土壤消毒剂，对腐霉菌、镰刀菌引起的土传病害如猝倒病、立枯病、枯萎病、菌核病等有较好的预防效果。

329. 噁霜灵的特点及防治对象

又称杀毒矾。具有接触杀菌和内吸传导活性，具有治疗和保护作用。

被植物内吸后，能在植物根、茎、叶内部随汁液流动向四周传导，噁霜灵在植物体内的移动性稍次于甲霜灵。具有双向传导作用，但是以向上传导为主，也具有跨层转移作用，有效期长，药效快，对各种作物的霜霉病具有预防、治疗、根除三大功效。抗菌谱与甲霜灵相似，对疫霉菌、腐霉菌、霜霉菌、白锈菌、葡萄生单轴霜霉菌等具有较高的抗菌活性。防治霜霉目真菌引起的植物霜霉病、疫病等。另外，还对烟草黑胫病、猝倒病，葡萄褐斑病、黑腐病、蔓枯病等具有良好的防效。

330. 噁唑菌酮的特点及防治对象

又称易保。内吸性杀菌剂，具有保护和治疗作用。噁唑菌酮为线粒体电子传递抑制剂，对复合体Ⅲ中细胞色素c氧化还原酶有抑制作用。具有亲脂性，喷施于作物叶片上后，易黏附，不易被雨水冲刷。同甲氧基丙烯酸酯类杀菌剂有交互抗性，与苯基酰胺类杀菌剂无交互抗性。与氟硅唑混用对防治小麦颖枯病、网斑病、白粉病、锈病效果更好。用于防治子囊菌亚门、担子菌亚门、鞭毛菌亚门卵菌纲中的重要病害如白粉病、锈病、颖枯病、网斑病、霜霉病、晚疫病等。

331. 二氯异氰尿酸钠的特点及防治对象

又称优氯净。低毒广谱杀菌剂，是氧化性杀菌剂中杀菌最为广谱、高效、安全的消毒剂。喷施在作物表面能慢慢地释放次氯酸，通过使菌体蛋白质变性，改变膜通透性，干扰酶系统生理生化及影响DNA合成等过程，使病原菌迅速死亡。对食用菌栽培过程中易发生的霉菌及多种病害有较强的消毒和杀菌能力。用于食用菌栽培防治霉菌引起的基料感染及杂菌病害。

332. 二氰蒽醌的特点及防治对象

二氰蒽醌是一种醌类结构的多作用位点杀菌剂，通过与含硫基团反应和干扰细胞呼吸而抑制一系列真菌酶，最后导致病菌死亡。具有良好保护活性，同时也有一定的治疗活性。用于防治黑星病、霉点病、叶斑病、锈病、炭疽病、疮痂病、霜霉病、褐腐病等。

333. 粉唑醇的特点及防治对象

粉唑醇为三唑类广谱内吸性杀菌剂。是甾醇脱甲基化抑制剂，在植物体内向顶端传导，对病害具有保护、治疗和铲除作用。主要与真菌蛋白色素相结合，抑制麦角甾醇的生物合成，引起真菌细胞壁破裂和抑制菌丝生长。粉唑醇可通过植物的根、茎、叶吸收，再由维管束向上转移，根部的内吸能力大于茎、叶，但不能在韧皮部做横向或向基输导，在植物体内或体外都能抑制真菌的生长。对担子菌和子囊菌引起的多种病害具有良好的保护和治疗作用，可有效地防治麦类作物白粉病、锈病、黑穗病，玉米黑穗病等。

334. 氟吡菌胺的特点及防治对象

氟吡菌胺是一种吡唑酰胺类杀菌剂，主要作用于收缩蛋白（细胞膜和细胞骨架间的特异蛋白），从而影响细胞的有丝分裂。用于防治霜霉病、疫病、晚疫病、猝倒病等常见卵菌纲病害，对作物和环境安全，特别适用于优质、绿色蔬菜生产。

335. 氟吡菌酰胺的特点及防治对象

氟吡菌酰胺属于羧酰胺类杀菌剂，通过抑制线粒体呼吸链复合物Ⅱ中的琥珀酸脱氢酶起作用，从而抑制靶标真菌的孢子萌发、芽管伸长和菌丝体生长。用于防治葡萄、梨树、香蕉、苹果、黄瓜、番茄等植物上的斑点落叶病、叶斑病、灰霉病、白粉病、菌核病、早疫病等病害，还可以防治多种线虫。

336. 氟啶胺的特点及防治对象

又称福农帅。线粒体氧化磷酰化解偶联剂，无内吸活性，是广谱、高效的保护性杀菌剂，耐雨水冲刷，持效期长，兼有优良的控制植食性螨类的作用，对十字花科植物根肿病也有一定的防效。对交链孢属、葡萄孢属、疫霉属、单轴霉属、核盘菌属和黑星菌属病菌非常有效，对抗苯并咪唑类和二羧酰亚胺类杀菌剂的灰葡萄孢也有良好效果。用于防治黄瓜灰霉病、腐烂病、霜霉病、炭疽病、白粉病，番茄晚疫病，苹果黑星病、叶斑病，梨黑斑病、锈病，水稻稻瘟病、纹枯病，葡萄灰霉病、霜霉病，马铃薯晚疫病等。

337. 氟硅唑的特点及防治对象

又称福星。内吸性杀菌剂，具有保护和治疗作用。抑制甾醇脱甲基化，破坏和阻止麦角甾醇的生物合成，导致细胞膜不能形成，使病菌死亡。渗透性强，对子囊菌、担子菌和半知菌所致病害有效，对卵菌无效，对梨黑星病有特效。用于防治梨黑星病，苹果轮纹病，黄瓜黑星病，烟草赤星病，蔬菜白粉病，菊花、薄荷、车前草、田旋花及蒲公英的白粉病，以及红花锈病，氟硅唑还可防治小麦锈病、白粉病、颖枯病，大麦叶斑病等。酥梨类品种在幼果期对此药敏感，应谨慎使用，否则易引起药害。

338. 氟环唑的特点及防治对象

又称欧霸。具有保护、治疗和铲除作用，属于甾醇生物合成中C14脱甲基化酶抑制剂，可迅速被植株吸收并传导至感病部位，使病害侵染立即停止，局部施药防治彻底。既能有效控制病害，又能通过调节酶的活性提高作物自身生化抗病性，使作物本身的抗病性大大增强。使叶色更绿，从而保证作物光合作用最大化，提高产量及改善品质。持效期极佳，如在谷物上的抑菌作用可达40天以上。对立枯病、白粉病、眼纹病等十多种病害有很好的防治作用，还能防治糖用甜菜、花生、油菜、草坪、咖啡、水稻及果树等的病害。

339. 氟菌唑的特点及防治对象

又称特富灵。广谱低毒杀菌剂，具有预防、治疗、铲除效果。内吸传导性好，抗雨水冲刷能力强，用于防治麦类、果树、蔬菜等白粉病、锈病，桃褐腐病。

340. 氟吗啉的特点及防治对象

内吸治疗性杀菌剂。具有很好的保护、治疗、铲除、内吸和渗透活性，是卵菌纲病害的防治剂，对孢子囊萌发的抑制作用显著。本品高效、低毒、低残留、对作物安全，但易诱发病菌抗药性。用于防治卵菌纲病原菌引起的病害，如黄瓜霜霉病、葡萄霜霉病、白菜霜霉病、番茄晚疫病、马铃薯晚疫病、辣椒疫病、荔枝霜疫霉病、大豆疫霉根腐病等。

341. 氟醚菌酰胺的特点及防治对象

氟醚菌酰胺是含氟苯甲酰胺类新型杀菌剂，通过作用于真菌线粒体的呼吸链，抑制琥珀酸脱氢酶的活性，从而阻断电子传递，抑制真菌孢子萌发、芽管伸长、菌丝生长和孢子母细胞形成。用于防治葡萄霜霉病、辣椒疫霉病、马铃薯晚疫病、水稻纹枯病、棉花立枯病等多种真菌性病害。

342. 氟嘧菌酯的特点及防治对象

甲氧基丙烯酸酯类线粒体呼吸抑制剂，即通过抑制细胞色素b和c_1间电子转移影响线粒体的呼吸。具有速效和持效期长双重特性，对作物具有很好的相容性。作用于线粒体呼吸的杀菌剂较多，但甲氧基丙烯酸酯类化合物作用的部位（细胞色素b）与以往所有杀菌剂均不同，对甾醇抑制剂、苯基酰胺类、二羧酰胺类和苯并咪唑类产生抗性的菌株有效。用作种子处理剂时，对幼苗种传和土传病害具有很好的杀灭和持效作用，对大麦白粉病或网斑病等气传病害无效。对几乎所有真菌（子囊菌亚门、担子菌亚门、鞭毛菌亚门卵菌纲和半知菌亚门）病害如锈病、颖枯病、网斑病、白粉病、霜霉病等数十种病害均有很好的活性。

343. 氟酰胺的特点及防治对象

又称望佳多、福多宁。具有保护和治疗活性，属于电子传递链琥珀酸脱氢酶抑制剂，抑制天冬氨酸盐和谷氨酸盐的合成，能够防止病原菌的生长和穿透，主要防治担子菌亚门的病原菌引起的病害。

344. 氟唑环菌胺的特点及防治对象

氟唑环菌胺为吡唑酰胺类杀菌剂，为琥珀酸脱氢酶抑制剂，通过干扰线粒体电子传递链复合体Ⅱ来抑制线粒体的功能，阻止其产生能量，抑制病原菌生长，最终导致其死亡。为专用种子处理剂，具有保护和治疗作用，以保护作用为主。主要用于控制各类作物散黑穗病，以及多种苗期疾病，对立枯病防治效果更好。

345. 氟唑菌苯胺的特点及防治对象

氟唑菌苯胺为吡唑酰胺类杀菌剂，为琥珀酸脱氢酶抑制剂，通过干扰线粒体电子传递链复合体Ⅱ来抑制线粒体的功能，阻止其产生能量，抑制病原菌生长，最终导致其死亡。兼具内吸、预防和治疗作用。用于防治马铃薯黑痣病、小麦纹枯病、小麦散黑穗病、小麦腥黑穗病、水稻纹枯病、玉米小斑病等多种病害。

346. 氟唑菌酰胺的特点及防治对象

氟唑菌酰胺为羧酸酰胺类杀菌剂，为琥珀酸脱氢酶抑制剂，作用于线粒体呼吸链复合体Ⅱ中的琥珀酸脱氢酶，抑制其活性，进而抑制真菌病原菌孢子的萌发、芽管和菌丝体的生长。用于防治白粉病、叶斑病、褐斑病、灰霉病、赤霉病、菌核病等病害。

347. 氟唑菌酰羟胺的特点及防治对象

氟唑菌酰羟胺为吡唑羧酰胺类杀菌剂，主要通过干扰呼吸链复合体Ⅱ，来阻碍能量的合成，从而抑制病菌的生长。主要用于防治小麦赤霉病，油菜菌核病，黄瓜白粉病，西瓜白粉病、叶斑病、褐斑病、恶苗病等病害。

348. 福美双的特点及防治对象

又称秋兰姆、赛欧散、阿锐生。为广谱保护性的福美系杀菌剂。杀菌机制是通过抑制病菌一些酶的活性和干扰三羧酸代谢循环而导致病菌死亡。该药有一些渗透性，在土壤中持效期长，对植物无药害。用于防治麦类条纹病、腥黑穗病，玉米、亚麻、蔬菜、糖萝卜、针叶树立枯病，烟草根腐病，甘蓝、莴苣、瓜类、茄子、蚕豆等苗期立枯病、猝倒病，草莓灰霉病，梨黑星病，马铃薯、番茄晚疫病，瓜菜类霜霉病，葡萄炭疽病、白腐病等。

349. 腐霉利的特点及防治对象

又称杀霉利。内吸性杀真菌剂，对葡萄孢属和核盘菌属真菌有特效，能防治果树、蔬菜作物的灰霉病、菌核病，对对苯丙咪唑类产生抗性的真菌亦有效。使用后保护效果好、持效期长，能阻止病斑发展蔓延。在作物发病前或发病初期使用，可取得满意效果。用于防治黄瓜灰霉病、菌核病，番茄灰霉病、菌核病、早疫病，辣椒灰霉病及多种蔬菜的菌核病，葡萄、草莓灰霉病，苹果、桃、樱桃褐腐病，苹果斑点落叶病，枇杷花腐病等。

350. 咯菌腈的特点及防治对象

又称适乐时。通过抑制葡萄糖磷酰化有关的转移，并抑制真菌菌丝体的生长，最终导致病菌死亡。作用机理独特，与现有杀菌剂无交互抗性。咯菌腈既可抑制孢子萌芽、孢子芽管伸长、灰霉病菌菌丝体生长，又可以有效抵抗链核盘菌属、核盘菌属、扩展青霉等真菌，对子囊菌、担子菌、半知菌等病原菌有良好的防效。用于防治雪腐镰孢菌、小麦网腥黑腐菌、立枯病菌等，对灰霉病有特效；用于谷物和非谷物种子处理，可防治种传和土传病菌，如链格孢属、壳二孢属、曲霉属、镰孢菌属、长蠕孢属、丝核菌属及青霉属病菌，亦可防治玉米青枯病、茎基腐病、猝倒病，棉花立枯病、红腐病、炭疽病、黑根病、种子腐烂病，大豆、花生立枯病、根腐病（镰刀菌引起），水稻恶苗病、胡麻叶斑病、早期叶瘟病、立枯病，油菜黑斑病、黑胫病，马铃薯立枯病、疮痂病，蔬菜枯萎病、炭疽病、褐斑病、蔓枯病。

351. 硅噻菌胺的特点及防治对象

又称全蚀净。保护性内吸性杀菌剂。小麦全蚀病的防病机理主要表现在两个方面：一方面是刺激小麦根系生长，弥补因病菌造成的根系发病死亡对产量的影响；另一方面是对小麦全蚀菌的抑制作用，拌种后小麦根部的黑根率明显降低。

352. 琥胶肥酸铜的特点及防治对象

琥胶肥酸铜是一种常用的有机铜类杀菌剂，具有保护作用，兼有一定铲除作用。其铜离子与病原菌膜表面上的阳离子交换，使病原菌细胞膜上的蛋白质凝固，同时部分铜离子渗透进入病原菌细胞内与某些酶结合，影响其活性。用于防治蔬菜根肿病、黑腐病，大白菜软腐病、细菌性黑斑病、黑胫病，黄瓜角斑病、霜霉病，柑橘树溃疡病以及冬瓜枯萎病，甜菜立枯病，番茄病毒病等。

353. 环丙唑醇的特点及防治对象

又称环唑醇。具有预防和治疗作用，是甾醇脱甲基化抑制剂，能迅速被植物有生长力的部分吸收并主要向顶部转移。用于防治白粉菌属、柄锈菌属、喙孢属、核腔菌属和壳针孢属菌引起的病害如小麦白粉病、散黑穗病、纹枯病、雪腐病、全蚀病、腥黑穗病，大麦云纹病、散黑穗病，玉米丝黑穗病，高粱丝黑穗病，甜菜菌核病，咖啡锈病，苹果斑点落叶病，梨黑星病等。

354. 环氟菌胺的特点及防治对象

环氟菌胺对白粉病有优异的保护和治疗活性，持效长，耐雨水冲刷性强，内吸活性差，对作物安全。作用机理是环氟菌胺可抑制白粉病菌菌丝上分生的吸器的形成和生长，以及次生菌丝的生长和附着器的形成，但对孢子萌发无作用。用于防治小麦白粉病、草莓白粉病、黄瓜白粉病、苹果白粉病和葡萄白粉病等。

355. 活化酯的特点及防治对象

又称生物素。活化酯为系统获得抗性的天然信号分子水杨酸的功能类似物，通过激活寄生植物的天然防御机制（系统获得抗性，SAR）来对植物产生保护作用，从而使植物对多种真菌和细菌产生自我保护作用。植物抗病活化剂几乎没有杀菌活性。同其他常规药剂如甲霜灵、代森锰锌、烯酰吗啉等混用，不仅可提高活化酯的防治效果，而且还能扩大其防病范围。

356. 己唑醇的特点及防治对象

又称同喜。三唑类甾醇脱甲基化抑制剂，具有内吸、保护和治疗活性。对真菌尤其是担子菌亚门和子囊菌亚门引起的病害有广谱性的保护和治疗作用。破坏和阻止病菌细胞膜重要组成成分麦角甾醇的生物合成，导致细胞膜不能形成，使病菌死亡。对苹果、葡萄、香蕉、蔬菜（瓜果、辣椒等）、花生、咖啡、禾谷类作物和观赏植物等作物上子囊菌亚门、担子菌亚门和半知菌亚门病菌所致病害，尤其是对担子菌亚门和子囊菌亚门引起的病害如白粉病、锈病、黑星病、褐斑病、炭疽病等有优异的保护和铲除作用。对水稻纹枯病有良好防效。

357. 甲基立枯磷的特点及防治对象

甲基立枯磷为广谱内吸性杀菌剂。用于防治土传病害，主要起保护作用。吸附作用强，不易流失，持效期较长。对半知菌亚门、担子菌亚门等各种病菌均有很强的杀菌活性。用于防治棉花、油菜、花生、甜菜、小麦、玉米、水稻、马铃薯、瓜果、蔬菜、观赏植物和果树等作物上的立枯病、枯萎病、菌核病、根腐病，十字花科黑根病、褐腐病。

358. 甲基硫菌灵的特点及防治对象

又称甲基托布津。广谱治疗性杀菌剂，低残留，具有内吸、预防和治疗三重作用。杀菌机制：一是在植物体内部分转化为多菌灵，干扰病菌有丝分裂中纺锤体的形成，影响细胞分裂，导致病菌死亡；二是甲基硫菌灵直接作用于病菌，阻碍其呼吸过程，影响病菌孢子的产生、萌发及菌丝体生长。连续使用易诱使病菌产生耐药性。本品对多种病害有预防和治疗作用，对叶螨和病原线虫也有抑制作用。用于防治茄子、葱、芹菜、番茄、菜豆等蔬菜的灰霉病、炭疽病、菌核病等病害，花腐病、月季褐斑病、海棠灰斑病等花卉病害，苹果轮纹病、炭疽病，葡萄褐斑病、炭疽病、灰霉病、桃褐腐病等水果病害，麦类黑穗病等一些其他病害。

359. 甲噻诱胺的特点及防治对象

甲噻诱胺不仅可以抑制病原真菌菌丝的生长，使菌丝畸变，而且还能抑制真菌孢子的萌发，或使孢子产生球状膨大物。具有很好的诱导活性，一般在作物苗期或未发病之前使用，用于防治烟草病毒病，水稻稻瘟病，黄瓜霜霉病、细菌性角斑病等病害。

360. 甲霜灵的特点及防治对象

又称雷多米尔。内吸性特效杀菌剂，具有保护和治疗作用，可被植物的根茎叶吸收，并随物体内水分运输，而转移到植物的各器官。有双向传导性能，持效期10～14天，土壤处理持效期可超过2个月。用于防治黄瓜、甜瓜、西葫芦、番茄、辣椒、茄子、马铃薯、葡萄、苹果、梨、柑橘、谷子、大豆、烟草等多种植物上的霜霉病、疫霉病、腐霉病、早疫病、晚疫病、黑胫病、猝倒病等真菌性病害。

361. 碱式硫酸铜的特点及防治对象

碱式硫酸铜是一种常用的含铜无机杀菌剂。喷施后，依靠作物表面和病菌表面上的水膜的酸化，缓慢地分解出少量的铜离子，有效地抑制病菌的孢子和菌丝生长，减少病菌侵染和蔓延，保护作物。用于防治黄瓜细菌性角斑病、炭疽病，马铃薯晚疫病，番茄早疫病、晚疫病、灰霉病、叶霉病、斑枯病、溃疡病，甜（辣）椒炭疽病、软腐病、疮痂病，茄子绵疫病、褐纹病，豆类锈病，菜豆细菌性疫病、炭疽病，豇豆煤霉病，莴苣霜霉病，姜腐烂病等病害。

362. 腈苯唑的特点及防治对象

又称唑菌腈、苯腈唑。三唑类麦角甾醇生物合成抑制剂，能阻止已发芽的病菌孢子侵入作物组织，抑制菌丝的伸长。在病菌潜伏期使用，能阻止病菌的发育。在发病后使用，能使下一代孢子变形，失去侵染能力，对病害具有预防作用和治疗作用。可作叶面以及种子处理剂。用于防治香蕉叶斑病、桃树褐斑病、苹果黑星病、梨黑星病、禾谷类黑粉病、禾谷类腥黑穗病、麦类锈病、菜豆锈病、蔬菜白粉病等。腈苯唑对鱼有毒，应避免污染水源。

363. 腈菌唑的特点及防治对象

又称仙生。属于三唑类杀菌剂，具保护和治疗活性，兼具内吸性。作用机理是抑制病原菌麦角甾醇的生物合成，对子囊菌亚门、担子菌亚门真菌均具有较好的防治效果。药剂持效期长，对作物安全，有一定刺激生长作用。用于防治谷类腥黑穗病、黑穗病，新鲜梨果的白粉病、结疤病，核果类植物的褐腐病、白粉病，攀援植物的白粉病、黑腐病及灰霉病，谷类植物的锈蚀病，甜菜的叶斑病，也被广泛地用来控制田间作物病害。对烟草有药害。

364. 精苯霜灵的特点及防治对象

精苯霜灵（苯霜灵）属苯酰胺类杀菌剂，主要通过影响内源RNA聚合酶的活性来干扰rRNA的生物合成，能够抑制病原菌游动孢子的萌发，诱导菌丝体中氨基酸的渗漏。用于防治霜霉病、晚疫病及腐霉菌等由卵菌纲真菌引起的病害。

365. 菌核净的特点及防治对象

菌核净是一种亚胺类杀菌剂，通过干扰病菌核糖体RNA，抑制真菌蛋白质的合成。具有广谱、杀菌、持效期长等特点。用于防治茄子、辣椒、番茄、黄瓜、甜瓜、苦瓜、莴笋、芸豆等蔬菜的灰霉病、菌核病，也可防治番茄、马铃薯早疫病，茄子黑斑病等病害。

366. 克菌丹的特点及防治对象

又称盖普丹。有机硫类广谱低毒杀菌剂，以保护作用为主，兼有一定的治疗作用，对多种作物上的许多种真菌性病害均具有较好的预防效果，特别适用于对铜制剂敏感的作物。本品可渗透到病菌的细胞膜，既可干扰病菌的呼吸过程，又可干扰其细胞分裂，具有多个杀菌作用位点，可连续多次使用，不易诱导病菌产生抗药性。用于防治番茄、马铃薯等蔬菜上的霜霉病、白粉病和炭疽病等蔬菜病害，也用于防治苹果上的轮纹病、炭疽病、褐斑病、斑点落叶病、煤污病和黑星病等病害。

367. 喹啉铜的特点及防治对象

喹啉铜为螯合态有机铜杀菌剂，所含有机喹啉可抑制病菌孢子新陈代谢，控制细胞再次分裂和分化，同时螯合铜离子被萌发的病原菌孢子吸收，直接在病原菌内部杀死孢子细胞，从而达到防病的作用。用于防治葡萄霜霉病，柑橘溃疡病，瓜类细菌性角斑病，苹果轮纹病，番茄晚疫病，辣椒疫病，蔬菜软腐病、青枯病和溃疡病等，而且喹啉铜还可提高水果和蔬菜的品质。

368. 联苯三唑醇的特点及防治对象

又称百柯、双苯三唑醇。为广谱、高效、内吸性杀菌剂，有保护、治疗和铲除作用。作用机制为抑制麦角甾醇，从而干扰细胞膜的合成，使细胞变形、菌丝膨大，分枝畸形、生长受到抑制。用于防治果树黑星病、腐烂病，香蕉、花生叶斑病及各种作物的锈病、白粉病等。还可用于防治桃疮痂病，麦叶穿孔病，梨锈病、黑星病以及菊花、石竹、天竺葵、蔷薇等观赏植物的锈病。

369. 硫黄的特点及防治对象

硫黄是一种酸性化合物，属无机硫杀菌剂，兼有一定的杀螨作用。在花草、林木、果树上使用，具有灭菌防腐、调节酸碱性、促进伤口愈合、防治病害的作用，还可供给植株养料，促进生长发育。

370. 硫酸铜钙的特点及防治对象

又称作胆巩、石胆，是一种无机铜化合物，它水溶液呈弱酸性。杀菌原理与波尔多液基本相同。用于防治柑橘溃疡病、苹果褐斑病等果树病害以及黄瓜霜霉病、姜腐烂病等蔬菜病害。

371. 螺环菌胺的特点及防治对象

螺环菌胺为甾醇生物合成抑制剂，主要抑制C14脱甲基化酶的合成。为内吸性的叶面杀菌剂，对白粉病特别有效。作用速度快且持效期长，兼具保护治疗作用，既可以单独使用，又可以和其他杀菌剂混配以扩大杀菌谱。用于防治小麦白粉病和各种锈病，大麦云纹病和条纹病。

372. 络氨铜的特点及防治对象

又称二氯四氨络合铜。通过铜离子发挥杀菌作用，铜离子与病原菌细胞膜表面上的K^+、H^+等阳离子交换，使病原菌细胞膜上的蛋白质凝固，同时部分铜离子渗透入病原菌细胞内与某些酶结合影响其活性。对棉苗、西瓜等的生长具有一定的促进作用，起到一定的抗病和增产作用。可防治黄瓜细菌性角斑病、叶枯病、缘枯病、软腐病、细菌性枯萎病和圆斑病，西葫芦绵腐病，冬瓜的疫病、细菌性角斑病，丝瓜疫病，番茄细菌性斑疹病、溃疡病、细菌性髓部坏死病、（匍柄霉）斑点病，茄子的绵疫病、（黑根霉）果腐病，甜（辣）椒的白星病、黑霉病、细菌性叶斑病、疮痂病、青枯病、软腐病、果实黑斑病，马铃薯软腐病，菜豆的根腐病、红斑病、细菌性疫病、细菌性晕疫病，大豆的褐斑病、灰斑病，洋葱的软腐病、黑斑病，莴苣和莴笋的细菌性叶缘坏死病、轮斑病，胡萝卜的细菌性软腐病、细菌性疫病，甘蓝类细菌性黑斑病，芥菜类软腐病，乌塌菜软腐病，蕹菜（柱盘孢）叶斑病，结球芥菜、芹菜和香芹菜的软腐病，白菜类的黑腐病、软腐病、细菌性角斑病、叶斑病等。

373. 氯啶菌酯的特点及防治对象

氯啶菌酯是甲氧基丙烯酸酯类杀菌剂，是线粒体呼吸抑制剂，通过抑制细胞色素b和c_1之间电子转移而影响靶标菌的生长。用于防治玉米小斑病，稻瘟病，稻曲病，水稻纹枯病，小麦根腐病，番茄灰霉病，油菜菌核病，荔枝霜疫霉病等病害。

374. 氯氟醚菌唑的特点及防治对象

氯氟醚菌唑是三唑类杀菌剂，作用机理是抑制病菌麦角甾醇的生物合成使菌体细胞功能受到破坏，因而抑制或干扰菌体附着胞及吸器的发育、菌丝和孢子的形成。用于防治苹果树黑星病，核果树、杏树花腐病和褐腐病，葡萄白粉病，马铃薯和坚果树上由链格孢菌引起的病害，玉米和大豆上由尾孢菌引起的病害，甜菜上的褐斑病等病害。

375. 氯溴异氰尿酸的特点及防治对象

也叫消菌灵、菌毒清，是一种低毒内吸性杀菌剂，其作用机理是喷施到作物表面能慢慢地释放Cl_2和Br_2，形成次氯酸（HClO）和次溴酸（HBrO）分子，能强烈地杀灭细菌、真菌。对大田作物、蔬菜、果树上的真菌、细菌、病毒都有明显防效。

376. 咪鲜胺的特点及防治对象

又称施保克、施保功、扑霉唑。广谱性杀菌剂，无内吸作用，有一定的传导作用。通过抑制甾醇的生物合成，使病菌细胞壁受到干扰。通过种子处理进入土壤的药剂，主要降解为易挥发的代谢产物，易被土壤颗粒吸附，不易被雨水冲刷。此药对土壤内其他生物低毒，但对某些土壤中的真菌有抑制作用。可防治禾谷类作物茎、叶、穗上的许多病害，如白粉病、叶斑病等，亦用于果树、蔬菜、蘑菇、草皮和观赏植物的病害的防治。

377. 醚菌酯的特点及防治对象

醚菌酯为β-甲氧基丙烯酸甲酯类杀菌剂。对病害具有预防和治疗作用，杀菌机制主要是破坏病菌细胞内线粒体呼吸链的电子传递，阻止能量ATP的形成，而导致病菌死亡。醚菌酯对半知菌亚门、子囊菌亚门、担子菌亚门、鞭毛菌亚门卵菌纲等真菌引起的多种病害具有很好的活性。如葡萄白粉病、小麦锈病、马铃薯疫病、南瓜疫病、水稻稻瘟病等病害，特别对草莓白粉病、甜瓜白粉病、黄瓜白粉病、梨黑星病有特效。

378. 嘧菌环胺的特点及防治对象

嘧菌环胺为内吸性杀菌剂，该药剂在病原真菌的侵入期和菌丝生长期，通过抑制蛋氨酸的生物合成和水解酶的生物活性，导致病菌死亡。嘧菌环胺可迅速被植物叶面吸收，具有较好的保护性和治疗活性，可防治多种作物的灰霉病。同三唑类、咪唑类、吗啉类和苯基吡咯类等无交互抗性。用于防治小麦、大麦、葡萄、草莓、蔬菜和观赏植物等作物上的灰霉病、白粉病、黑星病、叶斑病、颖枯病以及小麦眼纹病等病害。

379. 嘧菌酯的特点及防治对象

又称阿米西达，为线粒体呼吸抑制剂，通过抑制细胞色素b和c之间电子转移抑制线粒体的呼吸。为新型高效杀菌剂，具有保护、治疗、铲除、渗透和内吸活性。用于茎叶喷雾、种子处理，也可进行土壤处理。对水稻、花生、葡萄、马铃薯、蔬菜、咖啡、果树（柑橘、苹果、香蕉、桃、梨等）和草坪等上面的几乎所有真菌亚门（子囊菌亚门、担子菌亚门、鞭毛菌亚门卵菌纲和半知菌亚门）病害如白粉病、锈病、颖枯病、网斑病、黑星病、霜霉病、稻瘟病等数十种病害均有很好的活性。

380. 嘧霉胺的特点及防治对象

又称施佳乐。作用机理是通过抑制病菌侵染酶的产生从而阻止病菌的侵染并杀死病菌。同时具有内吸传导和熏蒸作用，施药后迅速到达植株的花、幼果等喷雾无法到达的部位杀死病菌，尤其是加入卤族特效渗透剂后，可增加在叶片和果实上的附着时间和渗透速度，有利于吸收，使药效更快、更稳定。用于防治黄瓜、番茄、葡萄、草莓、豌豆和韭菜等作物灰霉病、枯萎病以及果树黑星病、斑点落叶病等病害。

381. 灭菌丹的特点及防治对象

灭菌丹为广谱有机硫保护性杀菌剂。作用机理是改变病原菌丙酮酸脱氢酶系中一种辅酶硫胺素，使丙酮酸大量积累，乙酰辅酶A生成减少，抑制三羧酸循环。对人畜低毒，对人黏膜有刺激性，对鱼有毒，对植物生长发育有刺激作用。常温下遇水缓慢分解，遇碱或高温易分解。该品对多种蔬菜霜霉病、叶斑病等有良好的预防和保护作用。用于防治瓜类及其他蔬菜霜霉病、白粉病，马铃薯和番茄早疫病、晚疫病；豇豆白粉病、轮纹病。在番茄上使用浓度偏高时，易产生药害，配药时要慎重。

382. 灭菌唑的特点及防治对象

又称扑力猛。甾醇生物合成中C14脱甲基化酶抑制剂。主要用作种子处理剂，也可茎叶喷雾，持效期长达4～6周。用于防治禾谷类作物、豆科作物和果树上的镰孢（霉）属、柄锈菌属、麦类核腔菌属、黑粉菌属、腥黑粉菌属、白粉菌属、圆核腔菌、壳针孢属和柱隔孢属等病菌引起的病害，如白粉病、锈病、黑腥病、网斑病等，对种传病害有特效。

383. 氢氧化铜的特点及防治对象

氢氧化铜作为杀菌剂产品最早于1968年由美国的一家公司推向市场，是铜制剂中的一种广谱性的保护性无机铜类杀菌剂。作用机理是通过铜离子被病原菌的孢子吸收，累积到一定浓度时，使病原菌孢子细胞的蛋白质凝固，从而杀死孢子细胞，起到杀菌的作用。同时，铜离子还能使病原菌细胞中的某种酶受到损害，阻碍病原菌的代谢作用，也能达到抑制和杀灭病菌的目的。用于防治番茄软腐病、溃疡病、早疫病、晚疫病，辣椒白星病、疮痂病、青枯病，黄瓜细菌性角斑病、霜霉病，西瓜细菌性果斑病、炭疽病、蔓枯病，烟草野火病，葡萄霜霉病、黑痘病等多种细菌性和真菌性病害。

384. 氰霜唑的特点及防治对象

氰霜唑为磺胺咪唑类杀菌剂。属线粒体呼吸抑制剂，阻断卵菌纲病菌体内线粒体细胞色素bc_1复合体的电子传递来干扰能量的供应，其结合部位为酶的Q_1中心。该药具有很好的保护活性，也有一定的内吸治疗活性，持效期长，耐雨水冲刷，使用安全、方便。与其他杀菌剂无交叉抗性。该药对病菌的所有生长阶段均有作用，对卵菌纲真菌如疫霉菌、霜霉菌、假霜霉菌、腐霉菌以及根肿菌纲的芸薹根肿菌具有很高的生物活性。对对甲霜灵产生抗性或敏感的病菌均有活性。

385. 氰烯菌酯的特点及防治对象

氰烯菌酯为2-氰基丙烯酸酯类杀菌剂，其作用于禾谷镰孢菌肌球蛋白-5，可强烈抑制病菌菌丝生长和发育。具有保护作用和治疗作用。可应用于防治镰刀菌引起的小麦赤霉病、棉花枯萎病、香蕉巴拿马病、水稻恶苗病、西瓜枯萎病等多种病害。

386. 噻呋酰胺的特点及防治对象

又称噻氟菌胺，属于噻唑酰胺类杀菌剂，是琥珀酸酯脱氢酶抑制剂，抑制病菌三羧酸循环中琥珀酸脱氢酶，导致菌体死亡。用于防治丝核菌属、柄锈菌属、黑粉菌属、腥黑粉菌属、伏革菌属、核腔菌属等引起的真菌病害，尤其对担子菌亚门真菌引起的病害如纹枯病、立枯病等有特效。

387. 噻氟菌胺的特点及防治对象

噻氟菌胺对许多种真菌性病害均有很好的防治效果，特别是担子菌、丝核菌属所引起的病害。它具有很强的内吸传导性能，很容易通过根部或植物表面吸收并在植物体内传导。可以以叶面喷雾、种子处理、土壤处理等方式施用。用于防治水稻和麦类的纹枯病。在合适用量下，在水稻孕穗扬花期也可以使用。

388. 噻菌灵的特点及防治对象

又称特克多、腐绝。为内吸性杀菌剂，根施时能向顶端传导，但不能向基部传导。作用机制是抑制真菌线粒体的呼吸作用和细胞增殖，与苯菌灵等苯并咪唑药剂有正交互抗药性。用于处理收获后的水果和蔬菜，如柑橘贮存期青霉病、绿霉病，香蕉贮存期冠腐病、炭疽病，苹果、梨、菠萝、葡萄、草莓、甘蓝、白菜、番茄、蘑菇、甜菜、甘蔗等贮存期病害。还用于防治柑橘蒂腐病、花腐病，草莓白粉病、灰霉病，甘蓝灰霉病，芹菜斑枯病、菌核病，杧果炭疽病，苹果青霉病、炭疽病、灰霉病、黑星病、白粉病等。此外，还可用作涂料、合成树脂和纸制品的防霉剂，柑橘、香蕉的食品添加剂，动物用的驱虫药。

389. 噻酰菌胺的特点及防治对象

噻酰菌胺为噻二唑甲酰胺类新型稻田杀菌剂，作用机理主要是阻止病菌菌丝侵入邻近的健康细胞，并能诱导产生抗病基因。该药剂有很好的内吸性，可以通过根部吸收，并迅速传导到其他部位，持效期长。用于防治水稻稻瘟病，对水稻褐条病、白叶枯病以及芝麻叶枯病也有一定防效。此外，对水稻纹枯病、各种宿主上的白粉病、锈病、晚疫病或疫病、霜霉病，以及假单胞、黄单胞和欧文氏菌引起的病害有效。

390. 噻唑菌胺的特点及防治对象

又称韩乐宁。其对疫霉菌生活史中菌丝体生长和孢子的形成两个阶段有很高的抑制作用，但对疫霉菌孢子囊萌发、孢子囊的生长以及游动孢子几乎没有任何活性。具有良好的预防、治疗和内吸活性。用于防治卵菌纲病原菌引起的病害如葡萄霜霉病、马铃薯晚疫病、瓜类霜霉病等。

391. 噻唑锌的特点及防治对象

噻唑锌是噻二唑类有机锌杀菌剂，药剂进入植株的孔纹导管中，可使病原菌受到严重损害，导致病原菌细胞壁变薄继而瓦解，最终死亡。同时，药剂所带的锌离子与病原菌细胞膜表面上的阳离子（H^+，K^+等）交换，可引起病菌细胞膜上的蛋白质凝固，从而杀死病菌；部分锌离子渗透进入病原菌细胞内，与某些酶结合，影响其活性，导致病原菌、机能失调、衰竭死亡。用于防治柑橘树溃疡病，黄瓜细菌性角斑病，水稻细菌性条斑病，桃树细菌性穿孔病，烟草青枯病、野火病，芋头软腐病等细菌性病害以及水稻纹枯病，稻瘟病，黄瓜霜霉病、白粉病，马铃薯黑痣病，香蕉叶斑病等多种真菌病害。

392. 三环唑的特点及防治对象

又称克瘟唑。内吸性保护性杀菌剂，是防治稻瘟病专用杀菌剂，作用机理主要是抑制附着胞黑色素的形成，从而抑制孢子萌发和附着胞形成，阻止病菌侵入和减少稻瘟病病菌孢子的产生。能迅速被水稻各部位吸收，持效期长，药效稳定，用量低并且抗雨水冲刷。

393. 三乙膦酸铝的特点及防治对象

又称疫霉灵、疫霜灵。该药剂防病原理是通过诱导寄主植物的防御系统而防病。用于防治蔬菜、果树霜霉病、疫病，菠萝心腐病，柑橘根腐病、溃疡病，草莓茎腐病、红髓病。

394. 三唑醇的特点及防治对象

三唑醇为内吸传导型杀菌剂，具有保护和治疗作用，主要是抑制麦角甾醇合成，因而抑制和干扰菌体的附着胞和吸器的生长发育。用于防治小麦散黑穗病、网腥黑穗病、根腐病，大麦散黑穗病、锈病、叶条纹病、网斑病等，玉米、高粱丝黑穗病，春大麦的散黑穗病、顺条纹病、网斑病、根腐病，冬小麦的散黑穗病、网腥黑穗病、雪腐病，及春燕麦的叶条纹病、散黑穗病等。

395. 三唑酮的特点及防治对象

三唑酮为三唑类杀菌剂，具有高效、低毒、低残留、持效期长、内吸性强的特点。主要是抑制菌体麦角甾醇的生物合成，从而干扰菌体附着胞、吸器的发育以及菌丝的生长和孢子的形成。对某些病菌在活体中活性很强，但离体效果很差。对菌丝的活性比对孢子强。用于防治锈病、白粉病和黑穗病，玉米、高粱等黑穗病，玉米圆斑病。

396. 十三吗啉的特点及防治对象

又称克啉菌、克力星。为广谱性的内吸性杀菌剂，具有保护和治疗双重作用，可以通过植物的根、茎、叶吸收进入植物体内，并在木质部向上移动，但在韧皮部只有轻微程度的转移。因此，施药后受气候因子影响小，残效期较长。用于防治谷类白粉病和香蕉叶斑病，橡胶树的白根病、红根病、褐根病、白粉病，咖啡眼斑病，茶饼病，瓜类的白粉病及花木的白粉病等。

397. 石硫合剂的特点及防治对象

又称石灰硫黄合剂，是无机硫制剂的一个品种。其杀虫机制是，害虫接触到石硫合剂后，药液中的多硫化物还原为固态硫，封堵昆虫气孔，使其窒息而亡。同时，石硫合剂经喷施后可释放出少量的硫化氢气体对害虫有一定的毒杀作用。其杀菌机制是，石硫合剂进入菌体后，可使菌体细胞正常的氧化还原受到干扰，导致生理功能失调而死亡。此外，其释放的硫化氢气体也能破坏病原微生物的生理活动。同时，石硫合剂在施用后会在受药处表面形成一层药效薄膜，这个薄膜可以隔绝果树遭受病虫害细菌的感染、防止外界水汽渗入破坏发病条件。用于防治多种果树的害螨，锈壁虱，介壳虫幼虫、若虫，蚜虫，也可防治褐腐病、流胶病、疮痂病、溃疡病、炭疽病、白粉病、锈病、煤污病、梅黑星病、膏药病、细菌性穿孔病等多种植物病害。

398. 双胍三辛烷基苯磺酸盐的特点及防治对象

又称双胍辛烷苯基磺酸盐，主要影响病原菌的类脂化合物的合成和细胞膜机能，抑制孢子萌发、芽管伸长、附着胞和菌丝的形成。用于防治葡萄炭疽病，桃黑星病、灰星病，梨黑星病、黑斑病、轮纹病，柿炭疽病、白粉病、落叶病、灰霉病等。也可以防治猕猴桃果实软腐病，西瓜蔓枯病、白粉病、炭疽病，草莓炭疽病、白粉病。

399. 双炔酰菌胺的特点及防治对象

双炔酰菌胺能抑制孢子的萌发，同时也可抑制菌丝体的生长与孢子的形成。常用作预防性喷洒，对潜伏期病害也有治疗作用。双炔酰菌胺对植物表面的蜡质层具有很高的亲和力。当喷洒到植物表面且沉淀干燥后，大部分活性成分被蜡质层吸附，并且很难被雨水冲洗掉。少量的活性成分渗透到植物组织中就足以抑制菌丝体的生长，从而保护整个叶片不受病害侵染。这些性质保证它稳定高效、持效期长。

400. 霜霉威的特点及防治对象

又称扑霉净、疫霜净。具有局部内吸作用的低毒杀菌剂，属氨基甲酸酯类。对卵菌纲真菌有特效。杀菌机制主要是抑制病菌细胞膜成分的磷脂和脂肪酸的生物合成，进而抑制菌丝生长、孢子囊的形成和萌发。该药内吸传导性好，用于土壤处理时，能很快被根吸收并向上输送到整个植株；用于茎叶处理时，能很快被叶片吸收并分布在叶片中，在30min内就能起到保护作用。对作物的根、茎、叶有明显的促进生长作用。用于黄茄、辣椒、莴苣、马铃薯等蔬菜及烟草、草莓、草坪、花卉卵菌纲的真菌病害防治，如霜霉病、疫病、猝倒病、晚疫病、黑胫病等。

401. 霜脲氰的特点及防治对象

又称清菌脲。具有局部内吸作用，兼具有保护和治疗作用，主要是阻止病原菌孢子萌发，对侵入寄主内的病菌也有杀伤作用。单独使用时药效期短，通常与代森锰锌、铜制剂、灭菌丹或其他保护性杀菌剂混用。能有效防治番茄、黄瓜、马铃薯等作物上的霜霉病和晚疫病。

402. 四氟醚唑的特点及防治对象

四氟醚唑属于第二代三唑类杀菌剂，其杀菌机理为甾醇脱甲基化抑制剂，通过抑制真菌麦角甾醇的生物合成而影响真菌细胞壁的形成。用于防治水稻稻瘟病、稻曲病、纹枯病、恶苗病、叶枯病，也可以用于防治小麦的纹枯病、白粉病、条纹病、黄叶病等病害。

403. 松脂酸铜的特点及防治对象

又称海宇博尔多乳油。是一种广谱、保护性有机铜类杀菌剂，其主要作用机理是能够抑制真菌、细菌蛋白质的合成。用于防治瓜类霜霉病、疫病、黑星病、炭疽病、细菌性角斑病、茄子立枯病、番茄晚疫病等多种蔬菜病害。

404. 王铜的特点及防治对象

王铜也称为氧氯化铜、碱式氯化铜，喷到作物上后能黏附在植物表面，形成一层保护膜，不易被雨水冲刷。在一定湿度条件下释放出的可溶性碱式氯化铜离子起杀菌作用。用于防治蔬菜的褐斑病、细菌性叶枯病、炭疽病、细菌性角斑病等病害。

405. 萎锈灵的特点及防治对象

萎锈灵又称卫福。选择性较强的内吸性杀菌剂。可以抑制病菌的呼吸作用，对作物生长有刺激作用。用于防治由锈菌和黑粉菌在多种作物上引起的锈病和黑粉（穗）病，对棉花立枯病、黄萎病，高粱散黑穗病、丝黑穗病，玉米丝黑穗病，麦类黑穗病、麦类锈病，谷子黑穗病以及棉花苗期病害均有效。

406. 肟菌酯的特点及防治对象

肟菌酯为线粒体呼吸抑制剂，与吗啉类、三唑类、苯氨基嘧啶类、苯基吡咯类、苯基酰胺类如甲霜灵无交互抗性。具有广谱杀菌性，渗透性强，吸收分布快，并具有向上的内吸性，耐雨水冲刷性能好、持效期长。被认为是第2代甲氧基丙烯酸酯类杀菌剂。用于防治白粉病、叶斑病、锈病、霜霉病、立枯病、苹果黑腥病。

407. 五氯硝基苯的特点及防治对象

五氯硝基苯为取代苯类保护性杀菌剂，其抑菌机理为干扰细胞有丝分裂，抑制孢子形成。主要用作土壤杀菌剂、拌种剂和土壤处理剂，用于防治棉花立枯病、猝倒病，小麦、高粱腥黑穗病，马铃薯疮痂病，甘蓝根肿病，莴苣灰霉病等。

408. 戊菌唑的特点及防治对象

戊菌唑为内吸性杀菌剂，具治疗、保护和铲除作用。是甾醇脱甲基化抑制剂，破坏麦角甾醇生物合成，导致细胞膜不能形成，使病菌死亡。戊菌唑可迅速地被植物吸收，并在内部传导。能有效地防治子囊菌亚门、担子菌亚门和半知菌亚门真菌所致病害，尤其对白粉病效果更好。在推荐剂量下使用对作物和环境安全。

409. 戊唑醇的特点及防治对象

又称菌立克。高效广谱内吸性杀菌剂，有内吸活性、保护和治疗作用。是麦角甾醇生物合成抑制剂，能迅速被植物有生长力的部分吸收并向顶部转移。不仅具有杀菌活性，还可促进作物生长，使根系发达、叶色浓绿、植株健壮、有效分蘖增加，从而提高产量。用于防治白粉菌属、柄锈菌属、喙孢属、核腔菌属和壳针孢属菌引起的病害，如小麦白粉病、散黑穗病、纹枯病、雪腐病、全蚀病、腥黑穗病，大麦云纹病、散黑穗病、纹枯病，玉米丝黑穗病，高粱丝黑穗病，大豆锈病等。

410. 烯丙苯噻唑的特点及防治对象

烯丙苯噻唑为苯并噻唑类杀菌剂，是诱导免疫型杀菌剂。其作用机理为刺激以水杨酸为介导的防御反应信号传递，激发植物本身对病害的免疫（抗性）反应来实现防病效果。用于防治水稻稻瘟病、细菌性叶枯病、粒腐病，莴苣细菌性腐烂病，甘蓝黑腐病，大白菜软腐病，大葱细菌性软腐病和黄瓜叶斑病等病害。

411. 烯肟菌酯的特点及防治对象

又称佳斯奇，为甲氧基丙烯酸酯类杀菌剂，具有新颖的化学结构和独特的作用机制。杀菌谱广、活性高、毒性低，对环境具有良好的相容性，与现有的杀菌剂无交互抗性。具有显著促进植物生长、提高产量、改善作物品质的作用。是第一类能同时防治白粉病和霜霉疫病的药剂，同时还对黑腥病、炭疽病、斑点落叶病等具有非常好的防效。

412. 烯酰吗啉的特点及防治对象

又称霜安。内吸性杀菌剂，可保护和抑制孢子萌发活性，通过破坏卵菌细胞壁的形成而起作用。在卵菌生活史的各个阶段都发挥作用，尤其对病菌孢子囊梗和卵孢子的形成阶段活性更高。烯酰吗啉与苯酰胺类杀菌剂如甲霜灵、霜脲氰等没有交互抗性，可以迅速杀死对这些杀菌剂产生抗性的病菌，保证药效的稳定发挥。用于防治马铃薯晚疫病、葡萄霜霉病、烟草黑胫病、辣椒疫病、黄瓜霜霉病、甜瓜霜霉病、十字花科蔬菜的霜霉病、水稻霜霉病、芋头疫病等。

413. 烯唑醇的特点及防治对象

又称速保利、灭黑灵。为广谱内吸性杀菌剂，具有保护、治疗和铲除作用。烯唑醇抗菌谱广，具有较高的杀菌活性和内吸性，植物种子、根、叶片均能内吸，并具有较强的向顶传导性能，残效期长，对病原菌孢子的萌发抑制作用小，但能明显抑制萌芽后芽管的伸长、吸器的形成、菌体在植物体内的发育、新孢子的形成等。用于防治子囊菌亚门、担子菌亚门和半知菌亚门真菌引起的许多真菌病害，如麦类散黑穗病、腥黑穗病、坚黑穗病、白粉病、条锈病、叶锈病、秆锈病、云纹病、叶枯病，玉米、高粱丝黑穗病，花生褐斑病、黑斑病，苹果白粉病、锈病，梨黑星病，黑穗醋栗白粉病以及咖啡、蔬菜等的白粉病、锈病等病害。不宜长时间、单一使用该药，易引起病原菌产生耐药性，对藻状菌纲病菌引起的病害无效。

414. 硝苯菌酯的特点及防治对象

硝苯菌酯是二硝苯巴豆酸类杀菌剂，通过解偶联线粒体氧化磷酸化，使病原菌线粒体膜产生空隙，从而导致H^+直接进入线粒体内，破坏膜内外H^+的正常梯度浓度，使ATP生产停止，最终导致病原菌代谢停止而死亡。用于防治梨果类、葫芦科作物、核果类、柑橘、烟草及蔬菜和观赏性植物等作物上的白粉病。

415. 缬菌胺的特点及防治对象

缬菌胺属羧酸酰胺类杀菌剂，是呼吸链离子载体抑制剂，通过增加线粒体内膜对K^+的通透性，抑制氧化磷酸化作用产生。用于防治辣椒疫霉病菌、水稻稻瘟病菌、水稻纹枯病菌等真菌引起的病害。

416. 缬霉威的特点及防治对象

又称异丙菌胺。影响真菌细胞壁和蛋白质的合成，抑制孢子的侵染和萌发，同时能抑制菌丝体的生长，导致其变形、死亡。对霜霉科和疫霉属真菌引起的病害具有很好的治疗和铲除作用。既用于茎叶处理，也用于土壤处理（防治土传病害）。用于防治黄瓜、葡萄等作物上的霜霉病。

417. 亚胺唑的特点及防治对象

又称霉能灵，为广谱内吸性杀菌剂，具有保护和治疗作用，是甾醇合成抑制剂，通过破坏和阻止病菌麦角甾醇的生物合成，破坏细胞膜的形成，导致病菌死亡。喷到作物上后能快速渗透到植物体内，耐雨水冲刷，土壤施药不能被根吸收。用于防治子囊菌亚门、担子菌亚门和半知菌亚门真菌所致病害，如桃、杏、柑橘树疮痂病，梨黑星病，苹果黑星病、锈病，白茅、紫薇白粉病，花生褐斑病，茶炭疽病，玫瑰黑斑病，菊、草坪锈病等。尤其对柑橘疮痂病、葡萄黑痘病、梨黑星病具有显著的防治效果。对藻菌、真菌无效。

418. 盐酸吗啉胍的特点及防治对象

盐酸吗啉胍可以防治病毒病等病害，其能通过气孔进入到作物体内抑制病毒DNA和RNA聚合酶，从而抑制病毒繁殖，起到防治病害的作用。用于防治烟草、西瓜、辣椒、番茄、茄子、水稻等各种病毒病。

419. 氧化亚铜的特点及防治对象

氧化亚铜为一价铜的氧化物，其杀菌作用主要靠释放出铜离子与真菌或细菌体内蛋白质中的—SH、—N_2H、—COOH、—OH等基团起作用，导致病菌死亡。用于防治菠菜、甜菜、番茄、果树、辣椒、豌豆、南瓜、菜豆以及甜瓜的白粉病、叶斑病、枯萎病、疫病、疮痂病、腐烂病，也可防治黄瓜、葡萄霜霉病，番茄早疫病等病害。

420. 叶菌唑的特点及防治对象

又称羟菌唑。麦角甾醇生物合成中C14脱甲基化酶抑制剂。两种异构体都有杀菌活性，但顺式活性高于反式。叶菌唑的杀真菌谱非常广泛，且活性极佳。叶菌唑同传统杀菌剂相比，剂量极低而防治谷类病害范围却很广。叶菌唑田间施用对防治谷类作物壳针孢、镰孢霉和柄锈菌病害有卓越效果。用于防治小麦壳针孢、镰刀菌、叶锈病、条锈病、白粉病、颖枯病，大麦锈病、白粉病、喙孢属，黑麦喙孢属、叶锈病，燕麦冠锈病，小黑麦（小麦与黑麦杂交）叶锈病、壳针孢。对壳针孢属和锈病活性优异。

421. 乙霉威的特点及防治对象

又称抑菌灵、万霉灵。防病性能与霜霉威不同，主要特点是对多菌灵、腐霉利等杀菌剂产生抗性的菌类有高的活性。杀菌机理是进入菌体细胞后与菌体细胞内的微管蛋白结合，从而影响细胞的分裂。与多菌灵有负交互抗性。本品一般不作单剂使用，而与多菌灵、甲基硫菌灵或腐霉利等药剂混用，可防治黄瓜灰霉病、茎腐病，甜菜叶斑病，番茄灰霉病等，也用于水果保鲜防治苹果青霉病。

422. 乙嘧酚的特点及防治对象

又称灭霉定。对菌丝体、分生孢子、受精丝等都有极强的杀灭效果，并能强力抑制孢子的形成，阻断孢子再侵染来源，杀菌全面彻底。对于已经发病的作物，乙嘧酚能够起很好的治疗作用，能够铲除已经侵入植物体内的病菌，明显抑制病菌的扩展。用于防治大麦、小麦、燕麦等禾谷类作物白粉病，也可防治葫芦科作物白粉病。作拌种处理时经根部吸收保护整株作物，茎叶喷雾处理时被茎叶部吸收传导，防止病害蔓延到新叶。

423. 乙嘧酚黄酸酯的特点及防治对象

乙嘧酚黄酸酯具有内吸性，属于高效、环境相容性好的腺嘌呤核苷脱氨酶抑制剂，可被植物的根、茎、叶迅速吸收，并在植物体内运转到各个部位，具有保护和治疗作用。用于草莓、玉米、瓜类、葫芦科、茄科白粉病的防治。

424. 异丙噻菌胺的特点及防治对象

异丙噻菌胺为具有噻吩酰胺化学结构的SDHI类杀菌剂，通过完全或部分占据底物泛醌的位点，抑制电子从琥珀酸到泛醌的传递，从而阻断病原菌的能量代谢，抑制病原菌生长，导致其死亡，从而达到防治植物病害的目的。能有效控制子囊菌亚门和半知菌亚门真菌，防治许多叶面和土传病害。用于防治灰霉病、菌核病、白粉病、炭疽病、苹果黑星病、草坪币斑病等。

425. 异稻瘟净的特点及防治对象

有机磷杀菌剂。主要干扰细胞膜透性，阻止某些亲脂几丁质前体通过细胞质膜，使几丁质的合成受阻碍，细胞壁不能生长，抑制菌体的正常发育。具有良好的内吸传导杀菌作用，用于防治稻叶瘟病、穗颈瘟病、水稻纹枯病，小球菌核病，玉米大、小斑病。可兼防稻飞虱。

426. 异菌脲的特点及防治对象

又称扑海因。广谱、触杀型杀菌剂，能抑制蛋白激酶，控制细胞内信号，从而抑制真菌孢子的萌发及产生，也可抑制菌丝生长。对病原菌生活史中的各发育阶段均有影响。用于防治多种果树、蔬菜、瓜果类等作物早期落叶病、灰霉病、早疫病等病害。

427. 异噻菌胺的特点及防治对象

异噻菌胺为异噻唑类杀菌剂，通过干扰呼吸电子传递链上复合体Ⅱ来抑制线粒体的功能，阻止其产生能量，抑制病原菌生长，最终导致其死亡。可以用于防治大豆的炭疽病、叶斑病、斑枯病、灰斑病、茎枯病、锈病、菌核病，玉米的炭疽病、叶枯病、玉米灰斑病、叶斑病、锈病、玉米褐斑病，大麦的云纹病、斑枯病，小麦、燕麦以及黑麦的颖枯病、叶枯病、叶锈病、秆锈病、条锈病、白粉病、赤霉病，棉花的铃腐病、叶斑病、褐斑病、苗期根腐病，高粱的锈病，油菜的黑斑病、菌核病，甜菜的叶斑病、白粉病、锈病、种子病害，向日葵的叶斑病、白粉病、锈病、斑枯病、菌核病，马铃薯、甘薯以及山药的黑斑病、灰霉病、白粉病、炭疽病、菌核病、种子病害及果树、蔬菜、草坪等病害。

428. 抑霉唑的特点及防治对象

又称烯菌灵。具有内吸、治疗、保护多种作用，广泛用于果品采后的防腐保鲜处理。杀菌机制主要是影响病菌细胞膜的渗透性、生理功能和脂类合成代谢，从而破坏病菌的细胞膜，同时抑制病菌孢子的形成。对抗多菌灵、噻菌灵等苯并咪唑类的青、绿霉菌有特效。用于防治柑橘、杧果、香蕉、苹果、瓜类以及谷类作物病害。

429. 种菌唑的特点及防治对象

种菌唑杀菌谱较广，兼具内吸、保护及治疗作用，广泛用于控制水稻和其他作物的种子病害，对水稻恶苗病、胡麻斑病和稻瘟病有较好的防治效果。用于防治小麦壳针孢、穗镰刀菌、叶锈病、条锈病、白粉病、颖枯病，大麦锈病、白粉病，黑麦叶锈病，燕麦冠锈病等。

430. 唑嘧菌胺的特点及防治对象

唑嘧菌胺为三唑嘧啶类一种高选择性的杀菌剂，通过作用于呼吸链复合体Ⅲ，影响病菌孢子、孢子囊萌发和孢子释放等阶段，是保护性的杀菌剂。该产品耐雨水冲刷，能在叶片中重新分布，保护作物健康成长，充分发挥生长潜力。可高效灵活地防治霜霉病和晚疫病，尤其对黄瓜和葡萄霜霉病、马铃薯晚疫病具有较好的防治效果。

第七章

除草剂知识

431. 杂草

杂草是能够在自然环境条件下自然繁衍其种族的植物。这些植物具有独特的生物学特性，如适应性广、繁殖力强，且对耕地作物有显著的影响。杂草的种类繁多，生长成熟期极不整齐，种子的传播方法多种多样，其形态与伴生作物相似，因此在田间不易彻底清除。

432. 杂草的主要危害

杂草与作物争夺水分、养分，遮蔽阳光，干扰作物正常生长，降低农产品的产量和品质。有的是病虫害的中间寄主，有的直接寄生于作物体，有的具有毒性，严重影响人们身体健康和牲畜安全。

433. 防除杂草的方法

总体分为四类：物理防治（人工拔除、机械除草、火力除草、薄膜覆盖抑草），农业防治（精选种子、水旱轮作、施用腐熟肥料、及时清理田边地头杂草），生态防治（化感作用除草、以水抑草、以草治草）及化学除草法（利用除草剂除草）等。

434. 植物化感作用

指植物（含微生物）通过释放化学物质到环境中而产生的对其他植物（含微生物）直接或间接的有害作用。化感作用是通过植物向环境中释放化感物质来实现的。化感物质一般都是植物的次生代谢物质，主要包括酚类、萜类、生物碱等。利用化感作用的异株克生原理来解决连作障碍，以草治草。

435. 除草剂

指可完全干扰或抑制杂草生长的药剂，从而控制其对作物的危害。可分为化学除草剂和生物除草剂。

使用一定剂量即可抑制杂草生长或杀死杂草，从而达到控制杂草危害的制剂。分化学除草剂和生物除草剂。

436. 非选择性除草剂

又称灭生性除草剂：这类除草剂对作物和杂草缺乏选择性或选择性小，因此不能将其直接喷到生长期的作物田里，否则草苗均会受害或死亡，如百草枯、草甘膦。

437. 选择性除草剂

在一定剂量范围内，能杀死杂草而不杀伤作物；或是杀死某些杂草而对另一些杂草无效；或是对某些作物安全而对另一些作物有伤害。具有这种特性的除草剂称为选择性除草剂，目前使用的除草剂大多数都属于此类。

438. 触杀型除草剂

此类除草剂接触植物后不在植物体内传导，只限于对接触部位产生伤害。这种局部的触杀作用足以造成杂草的死亡，但必须施药均匀才能有效，当防除多年生宿根性杂草时要多次施药方可杀死。如敌稗、除草醚、乙氧氟草醚、噁草酮。

439. 内吸性传导型除草剂

这类除草剂可被植物的根、叶、芽鞘和茎部吸收。根系吸收药剂后沿木质部的导管与蒸腾流一起向地上部传导；茎叶吸收后沿韧皮部筛管与光合产物一起向下传导。苯氧羧酸类、均三氯苯类、取代脲类等品种均属于传导型除草剂。此类除草剂中的许多品种可以防除多年生杂草块根、块茎等。

440. 化学除草的优点

化学除草具有高效、快速、经济的优点；有些品种还兼有促进作物生长的优点，它是大幅度提高劳动生产率、实现农业机械化必不可少的一项先进技术，是农业高产、稳产的重要保障。

441. 除草剂的选择性原理

（1）位差选择性　利用作物与杂草根系分布深浅和分蘖节位置等的不同进行的选择。分为：①土壤位差选择性。利用作物和杂草的种子或根系在土壤中位置的不同，施用除草剂后，使杂草种子或根系接触药剂，而作物种子或根系不接触药剂，来杀死杂草，保护作物安全。②空间位差选择性。一些行距较宽且作物与杂草有一定高度比的作物田或者果园、树木、橡胶园等，可采用定向喷雾或者保护性喷雾措施，使作物接触不到药液或仅仅是非要害部位接触到药液，而只喷雾在杂草上。

（2）时差选择性　利用某些除草剂残效期短、见效快、选择性差的特点，以及非选择性除草剂采用不同的施药时间来防除杂草。作物播种前施药，将田中已萌发的杂草杀死，待药剂失效后，再进行播种。免耕田播前施用草甘膦杀死杂草后再播种作物也是利用时差选择性。

（3）形态选择性　利用作物与杂草的形态结构差异而获得的选择性。

（4）生理选择性　植物茎叶或根系对除草剂吸收与输导的差异而产生的选择性。

（5）生物化学选择性　利用除草剂在植物体内生物化学反应的差异产生的选择性。这种选择性在作物田安全性高，属于除草剂真正意义上的选择性。除草剂在植物体内进行的生物化学反应多数都属于酶促反应。

（6）利用保护物质或安全剂获得选择性　一些除草剂选择性较差，可以利用保护物质或安全剂而获得选择性。常用的保护物质有活性炭，因其具有很高的吸附性能，可以利用它处理种子或种植时施入种子周围，使种子免遭除草剂的药害。在除草剂中应用安全剂的方式有两种：

一种是在种子播种前应用安全剂，另一种是直接把安全剂和除草剂混用。常用的安全剂有萘二甲酐、二氯丙烯胺、呋喃解草唑、吡唑解草酯、解草酮等。

除草剂在作物与杂草之间的选择可能是几种原理共同作用的结果，同时，除草剂的选择性受多种因素的影响，因此除草剂的选择性是相对的而不是绝对的。要根据植物的生长状况、环境因素、除草剂使用方法和施用量等综合选择。

442. 除草剂的使用方法

（1）按照除草剂的喷施目标分土壤处理除草剂和茎叶处理除草剂。

在播种前、播种后，出苗前或出苗后施于土壤的除草剂，称为土壤处理除草剂。有些药剂（如氟乐灵）喷洒在土壤后还必须及时混拌于土中，以防止挥发和光解而减效。这类除草剂是通过杂草的根、芽鞘或下胚轴等部位吸收而起作用。一些酰胺类、取代脲类和均三氮苯类等除草剂都属此类。在杂草或作物出苗后施用于植物茎叶表面杀死杂草的药剂称为茎叶处理剂。这类除草剂的品种较多。

将除草剂直接喷洒到生长着的杂草茎叶上的方法称为茎叶处理法。按农田作业的时期又分为播前茎叶处理与生长发育阶段茎叶处理。

（2）按施药方法又可分为喷雾法、撒施法、泼浇法、甩施法、涂抹法、除草剂薄膜法等。

443. 除草剂的解毒剂

可避免或减缓一些毒性强的除草剂对作物的毒害。例如1,8-萘二甲酐处理高粱种子，可防止甲草胺对高粱的伤害。解草腈可使高粱免于异丙甲草胺造成的药害。解草烷是玉米新选择性高效硫代氨基甲酸酯类除草剂的解毒剂。噁霉灵可降解西草净、敌稗对水稻苗的药害。矮壮素作拌种保护剂，可减轻去草净对小麦的药害。萎锈灵0.3%种子量拌小麦种，可防止燕麦畏的药害。敌磺钠施于土壤，可解除玉米田莠去津的残留药害。赤霉酸能使水稻受2,4-滴类药害后，很快恢复正常生长。

444. 杂草抗药性的治理

（1）尽可能采用农业措施、生物防除、物理措施及生态控制等各种非化学除草技术，减少除草剂的使用次数和使用量，防止杂草群落的频繁演替和抗药性杂草的产生。

（2）合理选择和使用化学除草剂，避免长期单一地在某一地区使用一种或作用方式相同的除草剂防治杂草。

（3）合理混用除草剂。合理混用除草剂可以扩大杀草谱，减少用量，提高防治效果，降低用药成本，还可以延缓杂草抗性的产生。但长期连续使用同一种混剂或混用组合，也有诱发多抗性杂草出现的可能。

（4）使用新型除草剂品种。对于已经产生抗药性的杂草，需要更换所用除草剂品种才可达到较好的防治效果。

445. 苯氧羧酸类除草剂的特性

（1）特点　①选择性强，主要对阔叶杂草有特效，适用于水稻、小麦、玉米田防除阔叶草。阔叶作物如大豆、棉花对此较敏感。②属激素型除草剂，即低浓度时可促进生长，高浓度时可抑制生长或毒杀植物。但对禾本科植物较安全。③为内吸传导性除草剂，根茎叶均能吸收，通过韧皮部和木质部导管传递，用于茎叶喷雾或土壤处理。④禾谷类作物一般在4～5叶期至拔节期使用，耐药力强，比较安全，而幼苗期和拔节后植物生长迅速，对药剂比较敏感，易产生药害。

（2）品种　2,4-二氯苯氧乙酸（2,4-滴酸）、2,4-二氯苯氧丙酸、2,4-二氯苯氧丁酸。另一种是以邻甲酚为本体的，如2甲4氯酸（MCPA）、2甲4氯丙酸（MCPP）、2甲4氯丁酸（MCPB）。

（3）药害症状　禾本科作物受害表现为幼苗矮化与畸形。禾本科植物形成葱叶形，花序弯曲、难抽出，出现双穗、小穗对生、重生、轮生、花不稔等。茎叶喷洒，特别是炎热夏天喷洒时，会使叶片变窄而皱缩，心叶呈马鞭状或葱状，茎变扁而脆弱，易于折断，抽穗难，主根短，生长发育受抑制。双子叶植物叶脉近于平行，复叶中的小叶愈合；叶片沿叶缘愈合成筒状或类杯状，萼片、花瓣、雄蕊、雌蕊数增多或减少，性状异常。顶芽与侧芽生长严重受到抑制，叶缘与叶尖坏死。受害植物的根、茎发生肿胀。可以诱导组织内细胞分裂而导致茎部分加粗、肿胀，甚至茎部出现胀裂、畸形，花果生长受阻。受药害时花不能正常发育，花推迟、畸形变小；果实畸形、不能正常出穗或发育不完整，植物萎黄。受害植物不能正常生长，敏感组织出现萎黄、生长发育缓慢。

（4）注意事项　①苯氧羧酸类除草剂的除草效果受药液酸碱度的影响较大，当药液呈酸性时，进入叶片的2,4-滴数量增多。这是由于2,4-滴等除草剂的解离程度取决于溶液的酸度，在酸性条件下解离甚少，多以分子状态进入植物体内，提高了进入植物体的速度和对植物的敏感度。所以在配制2,4-滴药液时，加入适量的酸性物质，如尿素、硫酸铵等氮肥，能显著提高除草效果，同时也对作物起到追肥作用。②药液雾滴飘移对周围植物的药害问题。各种植物对2,4-滴等除草剂的敏感程度不同，禾谷类作物抗性很强，甜菜、向日葵、番茄、葡萄、柳树、榆树等很敏感，春季麦田灭草喷药时，被风吹到这些植物叶面上的一些细小雾滴可使其受害严重，甚至相距喷药地点数百米也难免受害。

446. 芳氧苯氧基丙酸酯类除草剂的特性

（1）特点　①对阔叶植物安全，超过正常药量的倍量亦不产生药害。主要防治禾本科杂草，而且在禾本科内，不同属间有较高的选择性，对小麦比较安全，可以用于防治阔叶作物田禾本科杂草。有些品种用于麦田。②为植物激素的拮抗剂，不能与苯氧乙酸混用、连用。③为内吸传导型，可被植物根茎叶吸收并传导，抑制生长。茎叶喷雾时，对幼芽抑制作用强，而土壤处理时，对根抑制作用强。所以一般用于茎叶喷雾，以杂草3～5叶期防效最好。④分子结构中含有手性碳，有*R*体和*S*体，其中*S*体没有除草活性。含*R*体的药剂称为“精××、高效××”，如精吡氟禾草灵。⑤土壤温度高时，可增加药效，旱时药效差。⑥为脂肪酸合成抑制剂，其靶标酶为乙酰辅酶A羧化酶。⑦对哺乳类动物低毒。⑧多数品种环境降解较快。

（2）品种　精喹禾灵、高效氟吡甲禾灵、精吡氟禾草灵、精噁唑禾草灵、氰氟草酯、噁唑酰草胺等。

（3）药害症状　受药后植物迅速停止生长，主要是指幼嫩组织的分裂停止，而植物全部死亡所需时间较长；植物受害后的第一症状是叶色萎黄，特别是嫩叶最早开始萎黄，而后逐渐坏死；最明显的症状是叶片基部坏死，茎节坏死，导致叶片萎黄死亡，植物叶片卷缩，叶色发紫，而后慢慢枯萎死亡。

（4）注意事项　①高效氟吡甲禾灵、精喹禾灵、精吡氟禾草灵、精噁唑禾草灵等除防治一年生杂草外，对多年生禾本科杂草如芦苇、假高粱、狗牙根、双穗雀稗、白茅等也有良好的防治效果。②芳氧苯氧丙酸类除草剂的大多数品种的药效随温度上升而提高，但禾草灵则与此相反。③土壤水分对此类除草剂药效有明显影响，土壤高湿条件下药效明显提高。④施用芳氧苯氧丙酸类除草剂时，加入表面活性剂可提高药效，水分适宜的条件下可减少用药量。

447. 二硝基苯胺类除草剂的特性

（1）特点　①除草谱广，不仅防除一年生禾本科杂草，而且还可以防除部分一年生阔叶杂草。②均为选择性触杀型土壤处理剂，在作物播种前或播种后、出苗前施用。③除草机制主要是破坏细胞正常分裂。④易于挥发和光解，对紫外线极不稳定，在田间喷药后必须尽快进行耙地拌土。⑤除草效果比较稳定，在土壤中挥发的气体也起着重要的杀草作用，因而，在干旱条件下也能发挥较好的除草效果。⑥应用广泛，不仅是大豆与棉花田的主要除草剂，同时也能用于其他豆科、十字花科蔬菜以及果园、森林苗圃等，有的品种还是稻田的良好除草剂。⑦在土壤中的持效期中等或稍长，大多数品种的半衰期为2～3个月，正确使用时，对轮作中绝大多数后茬作物无残留药害。⑧水溶度低，被土壤强烈吸附，故在土壤中既不垂直移动也不横向移动，多次重复使用时在土壤中也不积累。

（2）品种　氟乐灵、二甲戊乐灵、氨氟乐灵、乙丁烯氟灵、乙丙氟灵等。

（3）药害症状　阻碍植株发育，不能完全出土，次生根变短粗大。禾本科植物根尖变粗，新出土的幼苗缩短变粗，有时呈红或紫色。阔叶植物的胚轴膨胀，被破坏，大豆茎基部有时会出现硬结的组织，植株变脆易折断。

448. 三氮苯类除草剂的特性

（1）特点　①三氮苯类除草剂属选择性输导型土壤处理剂，易经植物根部吸收。“津类”以根吸收为主，“净类”根茎叶均可吸收。②杀草谱广，能防禾本科杂草和阔叶杂草，但防阔叶杂草更好。③作用机制与取代脲类相似，抑制植物光合作用中的电子传递。④该类除草剂在土壤中有较强的吸附性，通常在土壤中不会过度淋溶。⑤在土壤中有较长的持效期。⑥三氮苯类除草剂种类很多。

（2）品种　我国常用的有西玛津、莠去津、扑草净、西草净、氰草津、嗪草酮等。

（3）药害症状　光合作用抑制剂不阻碍发芽和出苗。症状仅发生在伸出子叶和第一片叶以后。最初的症状包括叶尖端黄化接着扩展至叶缘。阔叶杂草可以发生叶脉间黄化（褪绿）。由于老叶和大叶吸收了较多的药液，并且它们是主要的光合作用组织，所以最先受害，最终变褐死亡。

（4）注意事项　①甲氧基均三氮苯品种不影响杂草种子发芽，主要防治杂草幼芽，施药应在杂草萌发前、作物播前、播后苗前进行，最好播后随即施药，苗后应在杂草幼龄阶段，大多数杂草出齐时进行。②三氮苯类除草剂绝大多数为土壤处理剂。在生产中应根据土壤质地和有机质含量确定用量。土壤吸附作用强，则单位面积用药量适当增加，反之则减少。

449. 酰胺类除草剂的特性

（1）特点　①都为选择性输导型除草剂；②广泛应用的绝大多数品种为土壤处理剂，部分品种只能进行茎叶处理；③几乎所有品种都是防除一年生禾本科杂草的除草剂，对阔叶杂草效果较差；④作用机制主要是抑制发芽种子α-淀粉酶及蛋白酶的活性；⑤土壤中持效期较短，一般为1～3个月；⑥在植物体内降解速度较快。

（2）品种　甲草胺、异丙甲草胺、乙草胺、丙草胺、异丙草胺、萘氧丙草胺、丁草胺、萘丙酰草胺、敌稗、氯乙酰胺、苯噻酰草胺等。

（3）药害症状　阻碍幼苗生长发育，导致幼苗畸形，不能出土，禾本科植物叶片不能出土或叶片不能完全展开；阔叶植物叶片皱缩或中脉变短，在叶间产生所谓“抽筋”现象。

（4）注意事项　土壤黏粒和有机质对酰胺类除草剂有吸附作用，土壤黏粒和有机质含量增加，其用药量应相应增加，但在有机质含量6%以下时，乙草胺药效受其影响不大。

450. 二苯醚类除草剂的特性

（1）特点　①以触杀作用为主，内吸传导性差。②作用靶标为原卟啉原氧化酶，使叶绿素合成受阻。③防除一年生杂草和种子繁殖的多年生杂草，多数品种防除阔叶杂草效果优于禾本科杂草。④其作用的发挥有赖于光照，使用时喷在土壤表面形成一层药膜，而不用撒土法。⑤含氟品种活性较高。使用方法为土壤处理。⑥对作物易产生药害，为触杀型药害，一般经5～10天即可恢复正常，不会造成作物减产。

（2）品种　乙氧氟草醚、氟磺胺草醚、三氟羧草醚、乳氟禾草灵等。

（3）药害症状　植物叶片黄化，转褐而死亡。加入植物油又遇低温或高温，会加重植物药害。

451. 磺酰脲类除草剂的特性

（1）特点　①活性高，选择性强，对作物安全；②杀草谱广，对绝大多数阔叶草和部分禾本科草有很好的防效；③内吸传导性好，可被杂草根茎叶吸收，所以可作土壤处理剂；④持效期长，一次用药可控制整个生育期杂草，但有些品种对后茬作物造成药害；⑤作用机制为抑制乙酰乳酸合成酶（ALS），阻止支链氨基酸的合成。

（2）品种　苄嘧磺隆（农得时、苄磺隆）、甲嘧磺隆、氯嘧磺隆、烟嘧磺隆、苯磺隆（巨星、阔叶净）、噻磺隆、醚磺隆（莎多伏）、噻吩磺隆、酰嘧磺隆、甲基二磺隆、醚苯磺隆、单嘧磺酯、氟唑磺隆、吡嘧磺隆、乙氧嘧磺隆、四唑嘧磺隆、环丙醚磺隆、砜嘧磺隆、甲酰氨磺隆、啶嘧磺隆等。

（3）药害症状　禾本科植物生长发育受阻，叶脉间黄化（褪绿）或变紫色。玉米植株生长发育受阻，表现为根部受抑制，如须根明显减少。玉米叶片无法完全展开，并且出现黄化至半透明。阔叶植物生长发育受到阻碍，而且变黄或变紫。大豆受害表现生长受阻碍或生长坏死。大豆叶片变黄、叶脉变红或变紫。另外，特别是敏感的玉米品种在茎叶处理后表现为黄斑，通常整个叶片变黄。药害发生在苗后早期处理时，会出现幼苗丛生。不同玉米品种药害表现很不规律。

452. 氨基甲酸酯类除草剂的特性

（1）特点　①选择性除草剂。②主要以根和幼芽吸收，用于土壤处理。多数易挥发，土表处理后要混土，水田撒毒土。③内吸传导性好。④杀草谱以单子叶草为主，对某些阔叶草也能防治，在播前、苗前或早期苗后使用。⑤作用机理是抑制细胞分裂与伸长，抑制根幼芽生长，造成幼芽畸形、根尖肿大。

（2）品种　灭草灵、燕麦灵、苯胺灵、禾草丹、丙草丹、野麦畏和禾草敌等。

（3）药害症状　阻碍植株发育，不能完全出土，次生根变短粗大。禾本科植物根尖变粗，新出土的幼苗缩短变粗，有时呈红或紫色。阔叶植物的胚轴膨胀，被破坏，大豆茎基部有时会出现硬结的组织，植株变脆易折断。

（4）注意事项　①硫代氨基甲酸除草剂易于挥发，特别是从湿土表面随水分蒸发而挥发更为迅速，施后应采用机械混土或灌水措施。②土壤质地、有机质含量对氨基甲酸酯与硫代氨基甲酸酯类除草剂药效有显著影响，如土壤有机质与黏粒对这类除草剂均有不同的吸附作用，所以用药量因土壤有机质含量与土壤质地而异。

453. 有机磷类除草剂的特性

（1）特点　①大多数有机磷除草剂品种的选择性都比较差，往往作为灭生性除草剂而用于林业、果园、非农田及免耕田；②杀草谱比较广，一些品种如双丙胺膦、草丁膦等不仅防治一年生杂草，而且还能防治多年生杂草。

（2）药害症状　植物叶片，尤其是新叶生长点首先发黄或变紫色，然后转为褐色，10～14天死亡。在土壤中无活性，能保持在多年生或禾本科植物中，再生植物会出现畸形、白色边缘或条纹症状。

（3）注意事项　①除草甘膦、草丁膦、双丙胺膦等一些品种进行茎叶喷雾防治大多数一年生杂草以及灌木和木本植物以外，其他大多数有机磷除草剂品种多为芽前处理防治一定范围的草本杂草。②土壤处理品种的药效与土壤含水量、有机质含量及机械组成密切相关，而茎叶处理品种的除草效果则受多种因素的制约，通常高浓度、小雾滴有助于药效的发挥，喷洒液的水质对药效影响较大。

454. 苯甲酸类除草剂的特性

（1）特点　苯甲酸类除草剂能迅速被植物的根、茎、叶吸收，通过韧皮部或木质部向上与向下传导，并积累于分生组织中。禾本科植物吸收药剂后能很快地进行代谢使之失效，故表现较强的抗性。

（2）品种　麦草畏、草灭畏、地草平、草芽畏、氯酞酸甲酯、杀草畏等。

（3）药害症状　与苯氧羧酸类除草剂造成的药害相似，但叶片成杯状比舌状要多。

（4）注意事项　①大豆对麦草畏非常敏感，受害程度与其生育期、用药量有关，开花期最敏感。大豆对麦草畏比2,4-滴敏感得多，相当于2,4-滴10%药量的麦草畏即可达到同样的受害程度。大豆田施用草灭畏后如遇大雨，在轻质土壤中可将草灭畏淋溶到大豆根部，生长受抑制。②玉米苗前使用过量的麦草畏可积累在发芽的种子里，使初生根系增多，生长受抑制，长度生长减弱，叶型变窄。在玉米苗后支持根生长初期使用过量的麦草畏，可使支持根扁化，出现葱状叶，茎脆弱。③小麦拔节后施用麦草畏最易受害，茎倾斜、弯曲，严重不结实。④易受麦草畏飘移危害的阔叶植物有烟草、向日葵、棉花、番茄、黄瓜、莴苣、马铃薯、苜蓿、葡萄、花生、豌豆、胡萝卜、西瓜等。

455. 取代脲类除草剂的特性

（1）特点　①取代脲类除草剂的大多数品种都是土壤处理剂，通常在作物播种后出苗前应用。②防治一年生杂草幼苗，对阔叶杂草的防治效果优于禾本科杂草。③大多数水溶性差，不易淋溶，能较长时间存在于土表中，因此可利用位差选择增加其选择性。④内吸性除草剂。以根吸收为主，向上传导至叶片。⑤抑制光合作用电子传递过程。

（2）品种　绿麦隆、敌草隆、杀草隆、异丙隆和利谷隆等。

（3）药害症状　同三氮苯类似，但是黄化从叶基部开始。

（4）注意事项　①根据土壤特性，主要是土壤湿度、有机质含量与土壤质地，正确地确定单位面积用药量；吸附作用与含水量是影响活性与药效的重要因素，土壤有机质含量越高，吸附作用越强，活性明显下降，这种现象在现有各类除草剂中是最明显的。②大多数品种的水溶度低，作为土壤处理剂在干旱条件下很难发挥作用，施用后两周内需有12～25mm降水才能使其活性发挥，适宜的高温也有助于除草作用的增强。

456. 咪唑啉酮类除草剂的特性

（1）特点　咪唑啉酮类除草剂是一类高活性、选择性强的广谱性除草剂，它们既能防治一年生禾本科与阔叶杂草，也能防治多年生杂草，对多种作物具有良好的选择性。

（2）品种　咪唑乙烟酸（普施特、咪草烟）、咪唑喹啉酸。

（3）药害症状　禾本科植物生长发育受阻，叶脉间黄化（褪绿）或变紫色。玉米植株生长发育受阻，表现为根部受抑制，如须根明显减少。玉米叶片无法完全展开，并且出现黄化至半透明。阔叶植物生长发育受到阻碍，而且变黄或变紫。大豆受害表现生长受阻碍或生长坏死。大豆叶片变黄、叶脉变红或变紫。

（4）注意事项　①土壤有机质与黏粒含量在咪唑啉酮类除草吸附中起重要作用，吸附作用增强，残留时期延长；黏土中的残留时期比壤土与沙土长；土壤含水量增加，温度增高，降解作用加快，残留时期缩短。②咪草烟在土壤中残留时期较长，施药后次年不宜种植甜菜、油菜、高粱、棉花、蔬菜、水稻、马铃薯等。

457. 环己烯酮类除草剂的特性

（1）特点　①内吸传导性除草剂，被植物叶片迅速吸收并在植株内运转，喷药后经3h降雨对药效无影响。②它们进行土壤处理时的活性较低，故所有品种均进行出苗后茎叶喷雾防治禾本科杂草。③此类除草剂仅对禾本科植物的乙酰辅酶A羧化酶有效，对阔叶植物的乙酰辅酶A羧化酶并无活性，故对阔叶作物呈现了很好的安全性。

（2）品种　烯草酮、三甲苯草酮、烯禾啶、噻草酮、环苯草酮、丁苯草酮、禾草灭等。

（3）药害症状　只有禾本科植物受害。新生叶片组织黄化（褪绿）或变褐（坏死）。心叶易与植物脱离。

（4）注意事项　①土壤湿度高，杂草幼嫩时喷药，除草效果好。②表面活性剂、矿物油、硫酸铵、磷酸氢二铵以及植物油等均能提高此类除草剂的活性。

458. 联吡啶类除草剂的特性

（1）特点　①灭生性除草剂，对作物没有选择性，见绿就杀。②杀除速度快，药后2～3h后杂草就发黄，3～4天就死亡。③没有内吸和传导的功能，施药时要求喷雾细致。④对多年生杂草地下部分没有作用。

（2）品种　百草枯、敌草快。

（3）注意事项　①通常表面活性剂能够提高除草活性。②敌草快是茎叶处理剂，其作用取决于光，植物对其吸收非常迅速，因而喷药后短期内降雨不影响药效发挥。③用于作物田时，必须在作物播种前或播种后于苗前喷药防治已出苗的杂草，是免耕与少耕体系中一项重要除草措施。④敌草快可作为向日葵、棉花等作物的脱叶干燥剂应用。

459. 2,4-滴的特点及注意事项

苯氧乙酸类激素型选择性除草剂。低剂量使用可调节植物生长，高剂量使用可除草。它能促进番茄坐果，防止落花，加速幼果发育。内吸性强。可从根、茎、叶进入植物体内，降解缓慢，故可积累一定浓度，从而干扰植物体内激素平衡，破坏核酸与蛋白质代谢，促进或抑制某些器官生长，使杂草茎叶扭曲，茎基变粗、肿裂等。防除藜、苋等阔叶杂草及萌芽期禾本科杂草。留种用的农田禁用本品，以免造成植物生长变态。

460. 2,4-滴丁酸的特点

属苯氧羧酸类激素型选择性除草剂。作用机理为干扰植物的激素平衡，使受害植物扭曲、肿胀、发育畸形等，最终导致死亡。主要防治水稻田中一年生阔叶杂草及莎草科杂草。

461. 2,4-滴异辛酯的特点及注意事项

选择性苗后茎叶处理触杀型除草剂，防除阔叶杂草。具有较强的内吸传导性。用于苗后茎叶处理，穿过角质层和细胞膜，最后传导到各部分。禾本科对本品的耐性较大，但在其幼苗、幼芽和幼穗分化期较为敏感。用药过早、过晚或用量大都可能造成药害，因此应严格掌握用药量和用药时期。棉花、大豆、向日葵、甜菜、蔬菜、中草药、果树和林木等对本品敏感。

462. 2甲4氯的特点及注意事项

作用方式和选择性与2,4-滴相同，但其挥发性、作用速度较2,4-滴丁酯慢。在寒地稻区使用比2,4-滴安全。防除三棱草、鸭舌草、泽泻、野慈姑及其他阔叶杂草。禾本科植物幼苗期很敏感，3～4叶期后抗性逐渐增

强，分蘖末期最强，到幼穗分化敏感性又上升，因此宜在水稻分蘖末期施药。

463. 2甲4氯二甲胺盐的特点及注意事项

2甲4氯二甲胺盐是一种苯氧羧酸类选择性激素型除草剂（具有内吸作用），将其喷洒于水稻田中，可灭杀阔叶杂草以及莎草科杂草，比如野荸荠、三棱草、鸭舌草、水花生等。2甲4氯二甲胺盐具有较好的混配性，一般可以将其和五氟磺草胺、氰氟草酯、噁唑酰草胺、草铵膦等药物进行混配，也可以和吡嘧磺隆、灭草松等药物进行混用，这样不但能扩大除草的范围，而且还能提高药效。当平均气温高于33℃时需谨慎使用该药物。

464. 氨氟乐灵的特点及注意事项

又称茄科宁、拔绿。二硝基苯胺类芽前封闭除草剂，通过抑制新萌芽的杂草种子的生长发育来控制敏感杂草。防除草坪上多种禾本科杂草和阔叶杂草。为避免药害，在新植草坪成坪前，请勿使用本品。

465. 氨氯吡啶酸的特点及注意事项

又称毒莠定。作用于核酸代谢，并且使叶绿体结构及其他细胞器发育畸形，干扰蛋白质合成，最后导致植物死亡。防除一年生和多年生阔叶杂草及木本植物，防除谱广，持效期长。豆类、葡萄、蔬菜、棉花、果树、烟草、向日葵、甜菜、花卉等对氨氯吡啶酸敏感，在轮作倒茬时应考虑残留氨氯吡啶酸对这些作物的影响。

466. 氨氯吡啶酸钾盐的特点及注意事项

激素型除草剂。作用机理是抑制线粒体系统呼吸作用、核酸代谢并且使叶绿体结构及其他细胞器发育畸形，干扰蛋白质合成，作用于分生组织活动等，最后导致植物死亡。可被植物叶片、根和茎部吸收传导。能够快速向生长点传导，引起植物上部畸形、枯萎、脱叶、坏死，木质部导管受堵变色，最终导致死亡。可防治大多数双子叶杂草、灌木。对根生杂草如刺儿菜、小旋花等效果突出，对十字花科杂草效果差。主要用于森林、荒地等非耕地防除阔叶杂草（一年生及多年生）、灌木。豆类、葡萄、蔬菜、棉花、果树、烟草、向日葵、甜菜、花卉等对氨氯吡啶酸敏感，在轮作倒茬时应考虑残留氨氯吡啶酸对这些作物的影响。

467. 氨唑草酮的特点

一种三唑啉酮类除草剂，属于典型的光合作用抑制剂类除草剂，主要通过杂草的根系和茎叶吸收，通过抑制叶绿素生物合成过程中的原卟啉原氧化酶（PPO）而破坏细胞膜，使叶片迅速干枯、死亡，杂草吸收后的典型症状为褪绿、组织枯黄、停止生长直至枯死。氨唑草酮可以有效防治玉米和甘蔗田一年生阔叶杂草和一年生禾本科杂草，对玉米田中的苘麻、藜、野苋菜、苍耳等杂草，甘蔗田中的泽漆、车前草和刺蒺藜草等具有较好的防效。

468. 苯磺隆的特点及注意事项

又称阔叶净、麦磺隆。磺酰脲类内吸传导型芽后选择性除草剂。茎叶处理后可被杂草茎叶、根吸收。防除小麦田一年生阔叶杂草。药后60天不可种阔叶作物。避免在低温（10℃以下）条件下施药，以免影响药效。

469. 苯嗪草酮的特点及注意事项

又称苯嗪草、苯甲嗪。三嗪酮类选择性芽前除草剂。主要通过植物根部吸收，再输送到叶子内。通过抑制光合作用的希尔反应而起到杀草作用。防除一年生阔叶杂草。施药后降大雨等不良气候条件下，可能会使作物产生轻微药害，作物在1～2周内可恢复正常生长。

470. 苯噻酰草胺的特点

又称环草胺。选择性内吸传导型除草剂。主要通过芽鞘和根吸收，经木质部和韧皮部传导至杂草的幼芽和嫩叶，阻止杂草生长点细胞分裂伸长，最终造成植株死亡。对移栽水稻选择性强，而对生长点处在土壤表层的稗草等杂草有较强的阻止生育和杀死能力，对表层的种子繁殖的多年生杂草也有抑制作用，对深层杂草效果低。防除水稻田的禾本科杂草和异型莎草。

471. 苯唑草酮的特点及注意事项

又称苞卫。属三酮类苗后茎叶处理除草剂，通过根和幼苗、叶吸收，在植物中向顶、向基传导到分生组织，抑制4-HPPD，使类胡萝卜素、叶绿素的生物合成受到抑制和功能紊乱，导致发芽的敏感杂草在处理2～5天内出现漂白症状，14天内植株死亡。间套或混种有其他作物的玉米田，不能使用本品。幼小和旺盛生长的杂草对苯唑草酮更敏感，低温和干旱的天气，杂草生长变慢，从而影响杂草对苯唑草酮的吸收，杂草死亡的时间变长。用于防除一年生禾本科杂草和阔叶杂草。

472. 苯唑氟草酮的特点

作用机理是HPPD抑制剂。玉米田内吸传导选择性苯甲酰基吡唑类除草剂，用于玉米田苗后茎叶处理，防除阔叶杂草及禾本科杂草，对抗性马唐、稗草、绿狗尾、红根谷莠子等高效。

473. 吡草醚的特点及注意事项

又称速草灵。触杀性苗后除草剂，利用小麦及杂草对药吸收和沉积的差异产生不同活性的代谢物，达到选择性地防治小麦地杂草的效果。可有效防治2～4叶期杂草，但其效果可能因杂草的生长而有所降低，故应在施药期内施用。防除阔叶杂草。使用本品后，小麦叶片会出现轻微白色小斑点，但对小麦的生长发育及产量没有影响，对后茬作物棉花、大豆、瓜类、玉米等安全性较好。

474. 吡氟禾草灵的特点

又称稳杀得、氟吡醚。内吸传导型茎叶处理除草剂，有良好的选择性。对禾本科杂草有很强的杀伤作用，对阔叶作物安全。杂草吸收药剂的部位主要是茎和叶，但施入土壤中的药剂通过根也能被吸收。进入植物体的药剂水解成酸的形态，破坏光合作用和抑制禾本科植物的根、茎、芽的细胞分裂，阻止其生长。由于它的吸收传导性强，可达地下茎，因此对多年生禾本科杂草也有较好的防除作用。防除一年生禾本科杂草及多年生禾本科杂草。

475. 吡氟酰草胺的特点及注意事项

又称天宁、旗化。抑制类胡萝卜素生物合成，吸收药剂的杂草植株中类胡萝卜素含量下降，导致叶绿素被破坏，细胞膜破裂，杂草则表现为幼芽脱色或白色，最后整株萎蔫死亡。防除大部分阔叶杂草。本品对水生藻类有毒，清洗喷药器械或弃置废料时，切忌污染水源。

476. 吡嘧磺隆的特点及注意事项

又称草克星、水星。磺酰脲类选择性水田除草剂。有效成分可在水中迅速扩散，被杂草的根部吸收后传导到植株体内，阻碍氨基酸的合成。迅速地抑制杂草茎叶部的生长和根部的伸展，然后完全枯死，对水稻安全。防除一年生和多年生阔叶草、莎草。阔叶作物对吡嘧磺隆敏感，施药时请勿与阔叶作物接触。

477. 吡唑草胺的特点

又称吡草胺。属氯乙酰苯胺类芽前低毒除草剂。通过杂草幼芽和根部吸收抑制体内蛋白质合成，阻止进一步生长。对防除一年生禾本科和部分阔叶杂草效果突出。

478. 苄嘧磺隆的特点

又称农得时、苄磺隆、稻无草。选择性内吸传导型除草剂。有效成分可在水中迅速扩散，被杂草根部和叶片吸收转移到杂草各部，阻碍支链氨基酸的生物合成，阻止细胞的分裂和生长。敏感杂草生长机能受阻，幼嫩组织过早发黄抑制叶部生长，根部生长受阻而坏死。使用方法灵活，有毒土、毒砂、喷雾、泼浇等方法。在土壤中移动性小，温度、土质对其除草效果影响小。防除一年生及多年生阔叶杂草及异型莎草、碎米莎草等莎草科杂草。

479. 丙草胺的特点

又称扫茀特。选择性萌前处理剂，可通过植物下胚轴、中胚轴和胚芽鞘吸收，根部略有吸收，直接干扰杂草体内蛋白质合成，并对光合及呼吸作用有间接影响。受害杂草幼苗扭曲，初生叶难伸出，叶色变深绿，生长停止，直至死亡。水稻对丙草胺有较强的分解能力，从而具有一定的选择性。防除大部分一年生禾本科、莎草科及部分阔叶杂草。

480. 丙嗪嘧磺隆的特点及注意事项

乙酰乳酸合成酶（ALS）抑制剂。选择性广谱除草剂，具有残效作用，对耐磺酰脲类除草剂的杂草具有较好的防除效果。防除一年生和多年生杂草，包括稗草、莎草和阔叶杂草。鱼或虾蟹套养稻田禁用，施药后的田水不得直接排入养殖区水中。

481. 丙炔噁草酮的特点

又称稻思达。水旱田两用选择性苗前土壤处理除草剂。施用后，其有效成分可在土壤表层形成药膜，从而将靶标杂草消灭在萌芽状态。水稻田防除稗草、千金子、水绵、小茨藻、异型莎草、碎米莎草、牛毛毡、鸭舌草、节节菜、陌上菜等。

482. 丙炔氟草胺的特点及注意事项

又称速收、司米梢芽。高效、广谱、触杀型酞酰亚胺类除草剂。杀草谱很广的接触褐变型土壤处理除草剂，在播种后出苗前进行土壤处理。由幼芽和叶片吸收的除草剂，作土壤处理可有效防除一年生阔叶杂草和部分禾本科杂草，在环境中易降解，对后茬作物安全。大豆、花生对其有很好的耐药性。不要过量使用，大豆拱土或出苗期不能施药，柑橘园施药应定向喷雾于杂草上，避免喷施到柑橘树的叶片及嫩枝上。

483. 丙酯草醚的特点

嘧啶类的新型除草剂，由根、芽、茎、叶吸收并在植物体内传导，以根、茎吸收和向上传导为主。具有高效、低毒、对后茬作物安全、环境相容性好、杀草谱较广和成本较低等特点。防除一年生禾本科杂草和部分阔叶杂草。

484. 草铵膦的特点及注意事项

又称草丁膦。灭生性触杀型除草剂，兼具内吸作用，仅限于叶片基部向叶片顶端传导，是谷氨酰胺合成抑制剂。施药后短时间内，植物体内氨代谢陷于紊乱，细胞毒剂铵离子在植物体内累积，与此同时，光合作用被严重抑制，达到除草目的。防除一年生和多年生杂草。本品对赤眼蜂有风险，施药期间应避免对周围天敌的影响，天敌放飞区附近禁用。

485. 草除灵的特点及注意事项

选择性芽后茎叶处理剂。施药后植物通过叶片吸收，输导到整个植物体，作用方式同2甲4氯丙酸相似，只是药效发挥缓慢，敏感植物受药后生长停滞，叶片僵绿、增厚反卷，新生叶扭曲，节间缩短，最后死亡，与激素类除草剂症状相似。在耐药性植物体内降解成无活性物质，对油菜、麦类、苜蓿等作物安全。气温高作用快，气温低作用慢。在土壤中转化成游离酸并很快降解成无活性物质，对后茬作物无影响。芥菜型油菜对本药剂高度敏感，不能使用。对白菜型油菜有轻度药害，应适当推迟施药期。防除一年生阔叶杂草。

486. 草甘膦的特点及注意事项

又称农达、镇草宁。内吸传导型广谱灭生性除草剂，主要通过抑制植物体内5-烯醇丙酮酰莽草酸-3-磷酸合成酶致植物死亡。草甘膦以内吸传导性强著称，它不仅能通过茎叶传导到地下部分，而且在同一植株的不同分蘖间也能进行传导，对多年生深根杂草的地下组织破坏力很强，能到达一般农业机械无法到达的深度。草甘膦与土壤接触立即失去活性，宜作茎叶处理。草甘膦对金属制成的镀锌容器有腐化作用，易引起火灾。对40多科的植物均有防除作用。

487. 单嘧磺隆的特点及注意事项

又称麦谷宁。新型磺酰脲类除草剂。药剂由植物初生根及幼嫩茎叶吸收，通过抑制乙酰乳酸合成酶，阻止支链氨基酸的合成，导致杂草死亡。具有用量少、毒性低等优点。防除一年生阔叶杂草。后茬严禁种植油菜等十字花科作物，慎种旱稻、苋菜、高粱等作物。

488. 单嘧磺酯的特点

新型内吸、传导型磺酰脲类除草剂品种。单嘧磺酯具有超高效性、微毒、用量少、药效稳定、对环境友好等特点。防除一年生阔叶杂草。后茬严禁种植油菜、棉花、大豆等阔叶作物，慎种旱稻、苋、高粱等作物。

489. 敌稗的特点及注意事项

又称斯达姆。高选择性触杀型除草剂，在水稻体内被芳基羧基酰胺酶水解成3,4-二氯苯胺和丙酸而解毒，稗草由于缺乏此种解毒机能，细胞膜最先遭到破坏，导致水分代谢失调，很快失水枯死。由于氨基甲酸酯类、有机磷类杀虫剂能抑制水稻体内敌稗解毒酶的活力，因此水稻在喷敌稗前后10天之内不能使用这类农药。更不能与这类农药混合施用，以免水稻发生药害。

490. 敌草胺的特点及注意事项

选择性芽前土壤处理剂，药剂随雨水或灌水淋入土层内，杂草根和芽鞘能吸收药液进入种子，能抑制某些酶类的形成，使根芽不能生长并死亡。敌草胺对芹菜、茴香等有药害，不宜使用。敌草胺对已出土的杂草效果差，故应早施药。对已出土的杂草事先予以清除，若土壤湿度大，利于提高防治效果。防除单子叶杂草及双子叶杂草。

491. 敌草快的特点

又称利农、利收谷。非选择性触杀型除草剂。稍具传导性，可被植物绿色组织迅速吸收。该产品不能穿透成熟的树皮，对地下根茎基本无破坏作用。

492. 敌草隆的特点及注意事项

又称达有龙、地草净。可被植物的根叶吸收，以根系吸收为主。杂草根系吸收药剂后，传到地上叶片中，并沿着叶脉向周围传播。抑制光合作用中的希尔反应，该药杀死植物需光照，使受害杂草从叶尖和边缘开始褪色，终至全叶枯萎，不能制造养分，饥饿而死。防除马唐、牛筋草、狗尾草、旱稗、藜、苋、蓼、莎草等杂草。在麦田禁用，在茶、桑、果园宜采用毒土法，以免发生药害。沙性土壤用药量应比黏土适当减少，漏水稻田不宜用。对蔬菜、果树、花卉叶片的杀伤力较大，施药时应防止药液飘移到上述作物上，以免产生药害。桃树对该药敏感，使用时应注意。

493. 丁草胺的特点

又称灭草特。酰胺类选择性芽前除草剂。主要通过杂草幼芽和幼小的次生根吸收，抑制体内蛋白质合成，使杂草幼株肿大、畸形，色深绿，最终导致死亡。只有少量丁草胺能被稻苗吸收，而且在体内迅速完全分解代谢，因而稻苗有较大的耐药力。防除以种子萌发的禾本科杂草、一年生莎草及部分一年生阔叶杂草。丁草胺在土壤中稳定性小，对光稳定，能被土壤微生物分解。持效期为30～40天，对下茬作物安全。

494. 丁噻隆的特点及注意事项

又称特丁噻草隆。防除草本和木本植物的广谱除草剂，属于灭生性脲类除草剂。通过植物的根系吸收，并有叶面触杀作用。施药后3天杂草表现中毒症状，干扰和破坏杂草的光合作用，影响叶绿素的形成，叶片绿色减退，叶尖和叶心相继变黄，植株逐渐干枯死亡，对多种禾本科及阔叶杂草有效。对后茬苗期菠菜、菜心的生长有一定抑制作用，但后期可恢复。

495. 啶磺草胺的特点

又称甲氧磺草胺。内吸传导型冬小麦苗后除草剂。通过杂草叶片、叶鞘、茎部吸收，并在木质部和韧皮内传导，在生长点积累，抑制乙酰羟酸合成酶，影响缬氨酸、亮氨酸、异亮氨酸的生物合成，使植物生长受到抑制而死亡。

496. 啶嘧磺隆的特点及注意事项

又称草坪清。选择性内吸传导型除草剂。杂草根部和叶片吸收转移到杂草各部，阻止细胞的分裂和生长。敏感杂草生长机能受阻，幼嫩组织过早发黄抑制叶部生长，阻碍根部生长而坏死。防除禾本科、阔叶及莎草科杂草。施药后4 ～ 7天杂草逐渐失绿，然后枯死，部分杂草在施药20 ～ 40天完全枯死，勿重复施药。高羊茅、黑麦草、早熟禾等冷季型草坪对该药高度敏感，不能使用本剂。

497. 毒草胺的特点

又称扑草胺。毒草胺是一种广谱、低毒、选择性、触杀型的旱地和水田除草剂，苗前及苗后早期施用。通过抑制蛋白质的合成，使根部受抑制变畸形、心叶卷曲致害草死亡。防除一年生禾本科杂草和某些阔叶杂草。

498. 噁嗪草酮的特点

内吸传导型水稻田除草剂。除草机理主要是通过杂草的根和茎叶基部吸收，阻碍植株内生GA_3激素的形成，使杂草茎叶失绿，生长受抑制，直至枯死。杀草保苗的原理主要是药剂在水稻与杂草中吸收传导及代谢速度有差异。防除稗草、沟繁缕、千金子、异型莎草等多种杂草。对土壤吸附力极强，漏水田、药后下雨等均不影响药效。

499. 噁唑禾草灵的特点及注意事项

又称噁唑灵。芳氧基苯氧基丙酸类内吸性苗后广谱禾本科杂草除草剂，是脂肪酸合成抑制剂。选择性强、活性高、用量低。抗雨水冲刷，对人、畜、作物安全。防除一年生和多年生禾本科杂草。不能用于大麦、燕麦、玉米、高粱田除草，不能防治一年生早熟禾本科和阔叶杂草。不能与苯达松、麦草畏、甲羧除草醚等混用。

500. 噁唑酰草胺的特点及注意事项

又称韩秋好。芳氧苯氧丙酸类（AOPP）内吸传导型除草剂，防除一年生禾本科杂草。本品经茎叶吸收，通过维管束传导至生长点，达到除草效果。防除稗草、千金子等多种禾本科杂草。对鱼类等水生生物有毒，远离水产养殖区施药。鱼或虾蟹套养稻田禁用。

501. 噁草酸的特点

商品名爱捷。噁草酸是高效芳氧苯氧羧酸类手性除草剂，可防除大豆、棉花、甜菜、马铃薯、花生、豌豆、油菜和蔬菜地的一年生和多年生禾本科杂草，如野燕麦、匍匐冰草和狗芽根等。

502. 二氯吡啶酸的特点

又称毕克草。对杂草施药后，由叶片或根部吸收，在植物体中上下移行，迅速传到整个植株，其杀草的作用机制为促进植物核酸的形成，产生过量的核糖核酸，致使根部生长过量，茎及叶生长畸形，养分消耗，维管束输导功能受阻，导致杂草死亡。防除部分阔叶杂草。

503. 二氯喹啉草酮的特点

作用机理是4-羟基苯基丙酮酸双氧化酶（HPPD）抑制剂。二氯喹啉草酮对主要秋熟杂草无芒稗、稗、西来稗、光头稗、硬稃稗、马唐、鳢肠、陌上菜、异型莎草、碎米莎草等生物活性高，对鸭舌草、耳基水苋具有一定的抑制作用，可应用于水稻田防除多种禾本科、阔叶类和莎草科杂草。

504. 二氯喹啉酸的特点及注意事项

又称快杀稗、杀稗灵、神锄。防治稻田稗草的特效选择性除草剂，对4～7叶期稗草效果突出。该化合物能被萌发的种子、根及叶部吸收，具有激素型除草剂的特点，与生长素类物质的作用症状相似。受害稗草嫩叶出现轻微失绿现象，叶片出现纵向条纹并弯曲。夹心稗受害后叶子失绿变为紫褐色至枯死；水稻的根部能将有效成分分解，因而对水稻安全。二氯喹啉酸对伞形科作物，如胡萝卜、芹菜和香菜等相当敏感，药液飘移物对相邻田块的这些作物易产生药害。

505. 二氯异噁草酮的特点

作用机理为：抑制1-脱氧-D-木酮糖-5-磷酸合酶的作用，从而破坏质体类异戊二烯的生物合成，即类胡萝卜素的合成。易感的杂草无法代谢二氯异噁草酮并最终无法进行光合作用而死亡，而耐性农作物会对二氯异噁草酮进行代谢从而继续生长。该除草剂为选择性苗前处理剂，可广泛用于果树、蔬菜、棉花、水稻、高粱、大麦、小麦、黑麦、玉米和油菜等作物，防除禾本科杂草和阔叶杂草。其杀草谱广，具有触杀作用，对重要的抗性杂草有效。

506. 砜吡草唑的特点

砜吡草唑的作用机理与乙草胺和异丙甲草胺酰胺类除草剂的作用机理类似。属于细胞分裂抑制剂，通过抑制极长链脂肪酸（VLCFA）合成，进而阻碍分生组织和胚芽鞘的生长。杀草谱广。可有效地防治狗尾草属、马唐属、稗属、黍属、蜀黍属等一系列禾本科杂草以及苋属、曼陀罗属、茄属、苘麻属、藜属等阔叶杂草，但对节节麦和野燕麦的防除效果差。在麦田单一使用该产品可能会使野燕麦成为优势种群，在小麦田防除野燕麦时可采用砜吡草唑复配吡氟酰草胺或氟噻草胺等药剂进行。

507. 砜嘧磺隆的特点及注意事项

又称宝成。通过抑制支链氨基酸的生物合成，从而使细胞分化和植物生长停止。由根叶吸收，很快传导至分生组织。该药可有效防除玉米田中大多数一年生和多年生杂草，也用于马铃薯和番茄田中。严禁将药液直接喷到烟叶上及玉米的喇叭口内。使用本品前后7天内，禁止使用有机磷杀虫剂，避免产生药害。甜玉米、爆玉米、黏玉米及制种玉米田不宜使用。

508. 呋草酮的特点

呋草酮为土壤用除草剂，芽后早期施用。通过抑制八氢番茄红素脱饱和酶，来阻碍类胡萝卜素的生物合成。用于豌豆、黑麦、向日葵、黑小麦和冬小麦等作物田防除洋甘菊、猪殃殃、繁缕和婆婆纳等在内的阔叶杂草，以及包括早熟禾等在内的禾本科杂草。

509. 呋喃磺草酮的特点

又称特糠酯酮。呋喃磺草酮属三酮类除草剂，4-羟基苯基丙酮酸双氧化酶（HPPD）抑制剂，呋喃磺草酮通过抑制HPPD，最终影响类胡萝卜素的生物合成。呋喃磺草酮的选择性源于其在水稻和杂草中代谢作用的不同。具有杀草谱广、水稻除草使用期更宽的特性，对稗草、鸭舌草等一年生杂草及水莎草、矮慈姑等多年生阔叶杂草高效。

510. 氟吡磺隆的特点

又称韩乐盛。磺酰脲类除草剂。通过植物的根、茎和叶吸收，通过叶片的传输速度比草甘膦快。药害症状包括生长停止、失绿、顶端分生组织死亡，植株在2～3周后死亡。防除一年生阔叶杂草、禾本科杂草和莎草。

511. 氟吡甲禾灵的特点

又称盖草能（酸）。苗后选择性除草剂，具有内吸传导性，茎叶处理后很快被杂草叶吸收输导到整个植株，因抑制茎和根的分生组织而导致杂草死亡。其药效发挥较快，喷洒落入土壤中的药剂易被根吸收，也能起杀草作用。对阔叶草和莎草无效，对阔叶作物安全，药效较长，一次施药基本控制全生育期杂草危害。土壤中降解快，对作物无影响。

512. 氟吡酰草胺的特点

氟吡酰草胺属于取代吡啶基酰苯胺类除草剂，作用机理为通过抑制八氢番茄红素脱氢酶来阻碍植物体内类胡萝卜素的生物合成。该品种为选择性接触和残留除草剂，主要应用于防除麦田的多种阔叶杂草和禾本科杂草，例如猪殃殃、马齿苋、龙葵、田旋花、婆婆纳、勿忘草、狗尾草、矢车菊、三叶鬼针草、苍耳、雀麦、野燕麦、早熟禾、野老鹳、荠菜等。

513. 氟磺胺草醚的特点

又称虎威、北极星、氟磺草、除豆莠。选择触杀型除草剂。苗前、苗后使用很快被叶部吸收，破坏杂草的光合作用，叶片黄化，迅速枯萎死亡。防除一年生阔叶杂草。喷药后4 ～ 6h内降雨亦不降低其除草效果。药液在土壤里被根部吸收也能发挥杀草作用，而大豆吸收药剂后能迅速降解。

514. 氟乐灵的特点

又称特福力、氟特力、氟利克。苯胺类芽前除草剂，在杂草种子发芽生长穿过土层的过程中被吸收。主要被禾本科植物的幼芽和阔叶植物的下胚轴吸收，子叶和幼根也能吸收，但出苗后的茎、叶不能吸收。防除一年生禾本科杂草和部分阔叶杂草。造成植物药害的典型症状是抑制生长，根尖与胚轴组织细胞体积显著膨大。受害后的植物细胞停止分裂，根尖分生组织细胞变小，厚而扁，皮层薄壁组织中的细胞增大，细胞壁变厚。由于细胞中的液胞增大，使细胞丧失极性，产生畸形，呈现“鹅头”状的根茎。氟乐灵施入土壤后，由于挥发、光解、微生物和化学作用而逐渐分解消失，其中挥发和光分解是分解的主要因素。施到土表的氟乐灵最初几小时内损失最快，潮湿和高温会加快它的分解速度。

515. 氟硫草定的特点

吡啶羧酸类除草剂，是有丝分裂抑制剂。通过茎叶和根吸收，阻断纺锤体微管的形成，造成微管短化，不能形成正常的纺锤丝，使细胞无法进行有丝分裂，造成杂草生长停止、死亡。防除一年生禾本科杂草和一些阔叶杂草。

516. 氟噻草胺的特点

氟噻草胺属于芳氧乙酰胺类除草剂，主要通过抑制细胞分裂与生长而发挥作用，可能主要作用于脂肪酸的代谢，抑制细胞分裂和生长。氟噻草胺是一种芽前或芽后的早期除草剂，具有内吸性，可在作物体内迁移，具有分生组织活性。应用于玉米、大豆、番茄、马铃薯和水稻等作物，防除众多一年生禾本科杂草、莎草及一些小粒阔叶杂草。

517. 氟酮磺草胺的特点

一种新型苗前、苗后除草剂。属于含有二氟甲基磺酰胺基团的磺胺嘧啶类除草剂，抑制乙酰乳酸合成酶。主要防治禾本科杂草、莎草和阔叶杂草，在生物体内无潜在积累作用。

518. 氟唑磺隆的特点

又称彪虎、氟酮磺隆、锄宁。磺酰脲类内吸传导选择性除草剂，适用于春小麦田和冬小麦苗后茎叶喷雾，可被杂草的根和茎叶吸收，对春、冬小麦安全性较好，持效期长。防除野燕麦、雀麦、狗尾草、看麦娘等禾本科杂草及多种阔叶杂草。

519. 高效氟吡甲禾灵的特点

又称精盖草能、高效盖草能。苗后选择性除草剂。茎叶处理后能很快被禾本科杂草的叶子吸收，传导至整个植株，抑制植物分生组织而杀死杂草。喷洒落入土壤中的药剂易被根部吸收，也能起杀草作用，在土壤中半衰期平均55天。防除苗后到分蘖、抽穗初期的一年生、多年生禾本科杂草。与氟吡甲禾灵相比，高效氟吡甲禾灵在结构上以甲基取代氟吡甲禾灵中的乙氧乙基；并由于氟吡甲禾灵结构中丙酸的α-碳为不对称碳原子，故存在R体和S体两种光学异构体，其中S体没有除草活性，高效氟吡甲禾灵是除去了非活性部分（S体）的精制品（R体）。同等剂量下它比氟吡甲禾灵活性高，药效稳定，受低温、雨水等不利环境条件影响少。药后一小时后降雨对药效影响很小。

520. 禾草丹的特点

又称杀草丹、灭草丹、稻草完。氨基甲酸酯类选择性内吸传导型土壤处理除草剂，可被杂草的根部和幼芽吸收，特别是幼芽吸收后转移到植物体内，对生长点有很强的抑制作用。防除一年生杂草。此类除草剂能迅速被土壤吸附，因而随水分的淋溶性小，一般分布在土层2cm处。土壤的吸附作用减少了由蒸发和光解造成的损失。在土壤中半衰期，通气良好条件下为2～3周，厌氧条件下则为6～8个月。能被土壤微生物降解，厌氧条件下由土壤微生物降解形成的脱氯禾草丹，能强烈地抑制水稻生长。

521. 禾草敌的特点

又称禾大壮。防除稻田稗草的选择性除草剂，土壤处理兼茎叶处理剂，施于田中后，由于密度大于水，而沉降在水与泥的界面，形成高浓度的药层，杂草通过药层时，能迅速被初生根，尤其被芽鞘吸收，并积累在生长点的分生组织，阻止蛋白质合成，使增殖的细胞缺乏蛋白质及原生质而形成空胞。禾草敌还能抑制α-淀粉酶活性，减弱或停止淀粉的水解，使蛋白质合成及细胞分裂失去能量供给，受害的细胞膨大，生长点扭曲而死亡。经过催芽的稻种播于药层之上，稻根向下穿过药层吸收药量少，芽鞘向上生长不通过药层，因而不会受害。防除1～4叶期的各种生态型稗草，用药早时对牛毛毡、碎米莎草也有效。

522. 禾草灵的特点及注意事项

又称伊洛克桑、禾草除。选择性叶面处理剂，有局部内吸作用，传导性差。作用于分生组织，表现为植物激素拮抗剂，破坏细胞膜及叶绿素，抑制光合作用及同化物的运输。防除一年生禾本科杂草。在单双子叶植物间有良好的选择性，如对小麦和野燕麦的选择性。不宜在玉米、高粱、谷子、棉花田使用。

523. 环吡氟草酮的特点及注意事项

4-羟基苯基丙酮酸双氧化酶（HPPD）抑制剂，环吡氟草酮具有内吸传导作用，小麦田苗后茎叶处理，有效防除小麦田一年生禾本科杂草及部分阔叶杂草；具有杀草谱广、杀草彻底、不易反弹、安全性好等特性。施药时避免药液飘移到油菜、蚕豆等阔叶作物上，以免产生药害；每季最多使用1次。

524. 环磺酮的特点

环磺酮主要用于玉米田，为HPPD抑制剂类除草剂。可阻断植株体内异戊二烯基醌的生物合成，施用于玉米田苗后中晚期，用于防除马唐、狗尾草等禾本科杂草以及苋菜、藜、芥菜、牵牛花、荨麻等阔叶杂草，对多种恶性杂草及抗性杂草有较好的效果，也用于向日葵、非作物领域等的杂草防治。

525. 环戊噁草酮的特点

在水稻插秧前、插秧后或种植时的任意时期内使用。用于防除稗草以及其他部分一年生禾本科杂草、阔叶杂草和莎草等。该药剂于杂草出芽到稗草等出现第一片子叶期有效，在杂草发生前施药最有效，因其持效期可达50d。

526. 环酯草醚的特点

芽后除草剂，其化学结构与嘧啶羟苯甲酸相近，抑制乙酰乳酸合成酶（ALS）的合成。以根部吸收为主，药剂被吸收后迅速传导到植株其他部位。药后几天即可看到效果，杂草会在10～21天内死亡。防除一年生禾本科杂草、莎草及部分阔叶杂草。

527. 磺草酮的特点及注意事项

又称玉草施。为HPPD抑制剂，杂草通过根吸收传导而起作用，敏感杂草吸收磺草酮后，抑制HPPD的合成，导致酪氨酸的积累，使质体醌和生育酚合成受阻，进而影响到类胡萝卜素的合成，杂草出现白花后死亡。防除阔叶杂草及部分单子叶杂草。施药后玉米叶片可能会出现轻微触杀性药害斑点，属正常情况，一般一周后可恢复生长，不影响玉米生长。

528. 甲草胺的特点及注意事项

选择性芽前除草剂，可被植物幼芽吸收（单子叶植物为胚芽鞘、双子叶植物为下胚轴），吸收后向上传导；种子和根也吸收传导，但吸收量较少，传导速度慢。出苗后主要靠根吸收向上传导。如果土壤水分适宜，杂草幼芽期不出土即被杀死。症状为芽鞘紧包生长点，鞘变粗，胚根细而弯曲，无须根，生长点逐渐变褐色至黑色烂掉。如土壤水分少，杂草出土后随着雨、土壤湿度增加，杂草吸收药剂后，禾本科杂草心叶卷曲至整株枯死。阔叶杂草叶皱缩变黄，整株逐渐枯死。防除稗草、马唐、蟋蟀草、狗尾草、马齿苋、轮生粟米草、藜、蓼等一年生禾本科杂草和部分阔叶杂草。高粱、谷子、水稻、小麦、黄瓜、瓜类、胡萝卜、韭菜、菠菜不宜使用甲草胺。

529. 甲磺草胺的特点

又称广灭净、磺酰三唑酮。通过抑制叶绿素生物合成过程中原卟啉原氧化酶而破坏细胞膜，使叶片迅速干枯死亡。防除一年生阔叶杂草、禾本科杂草和莎草。

530. 甲基二磺隆的特点及注意事项

又称世玛。通过植物的茎叶吸收，经韧皮部和木质部传导，少量通过土壤吸收，抑制敏感植物体内乙酰乳酸合成酶的活性，导致支链氨基酸的合成受阻，从而抑制细胞分裂，导致敏感植物死亡。一般情况下，施药2～4h后，敏感杂草的吸收量达到高峰，2天后停止生长，4～7天后叶片开始黄化，随后出现枯斑，2～4周后死亡。防除禾本科杂草和部分阔叶杂草。本品中含有的安全剂，能促进其在作物体内迅速分解，而不影响其在靶标杂草体内的降解，从而达到杀死杂草、保护作物的目的。在遭受冻、涝、盐、病害的小麦田中不得使用。小麦拔节或株高达13cm后不得使用本剂。

531. 甲咪唑烟酸的特点及注意事项

又称百垄通、高原、甲基咪草烟。选择性除草剂。通过根、叶吸收，并在木质部和韧皮内传导，积累于植物分生组织内，阻止乙酰羟酸合成酶的作用，影响缬氨酸、亮氨酸、异亮氨酸的生物合成，使植物生长受到抑制而死亡。本品会引起花生或蔗苗轻微的褪绿或生长暂时受到抑制，但这些现象是暂时的，作物很快恢复正常生长，不会影响作物产量。

532. 甲嘧磺隆的特点及注意事项

又称森草净、傲杀、嘧磺隆。内吸性除草剂，能抑制植物和根部生长端的细胞分裂，从而阻止植物生长，植物外表呈现显著的红紫色、失绿、坏死、叶脉失色和端芽死亡。用于非耕地一年生、多年生禾本科杂草与阔叶杂草，用于林业除草，不得用于农田除草。该药对门氏黄松、美国黄松等有药害，不能使用。

533. 甲酰氨基嘧磺隆的特点

又称康施它。通过植物的茎叶吸收，经韧皮部和木质部传导，少量通过土壤吸收，抑制敏感植物体内的乙酰乳酸合成酶的活性，导致支链氨基酸的合成受阻，从而抑制细胞分裂，导致敏感植物死亡。防除禾本科杂草和阔叶杂草。

534. 甲氧咪草烟的特点

又称金豆。甲氧咪草烟为咪唑啉酮类除草剂品种，通过叶片吸收、传导并积累于分生组织，抑制AHAS的活性，导致支链氨基酸-缬氨酸、亮氨酸与异亮氨酸生物合成停止，干扰DNA合成及细胞有丝分裂与植物生长，最终造成植株死亡。防除多种禾本科及阔叶杂草。

535. 精吡氟禾草灵的特点

又称精稳杀得。吡氟禾草灵结构中丙酸的α-碳原子为不对称碳原子，所以有R体和S体结构型两种光学异构体，其中S体没有除草活性。精吡氟禾草灵是除去了非活性部分的精制品（即R体）。防除一年生禾本科杂草及多年生禾本科杂草。

536. 精草铵膦铵盐的特点

精草铵膦是草铵膦的异构体。作用机理主要是抑制植物体内的谷氨酰胺合成酶（GS）的活性，从而导致谷氨酰胺的合成受到阻碍，从而使光合作用受抑无法正常进行，导致植物枯死，以达到除草的效果。对多种一年生及多年生杂草有效，可防治对草甘膦产生抗性的恶性杂草，活性高，杀草迅速，持效期长；精草铵膦以触杀除草为主，不会转移到别处，对后茬作物安全。精草铵膦具有非常好的水溶解性，结构稳定，方便加工和混配使用。

537. 精噁唑禾草灵的特点

防除单子叶杂草。通过植物的叶片吸收后输导到叶基、茎、根部，在禾本科植物体内抑制脂肪酸的生物合成，使植物生长点的生长受到阻碍，叶片内叶绿素含量降低，茎、叶组织中游离氨基酸及可溶性糖增加，植物正常的新陈代谢受到破坏，最终导致敏感植物死亡。在阔叶作物或阔叶杂草体内，很快被代谢。在土壤中很快被分解，对后茬作物无影响。

538. 精喹禾灵的特点

又称精禾草克、盖草灵。精喹禾灵是在合成喹禾灵的过程中去除了非活性的光学异构体（L体）后的精制品。其作用机制、杀草谱与喹禾灵相似，通过杂草茎叶吸收，在植物体内向上和向下双向传导，积累在顶端及居间分生组织，抑制细胞脂肪酸合成，使杂草坏死。精喹禾灵是高选择性的新型旱田茎叶处理剂，在禾本科杂草和双子叶作物间有高度的选择性，对阔叶作物上的禾本科杂草有很好的防效。防治单子叶杂草。不能用于小麦、玉米、水稻等禾本科作物田。施药后，植株发黄，停止生长，施药后5～7天，嫩叶和节上初生组织变枯，最后植株枯死。

539. 精异丙甲草胺的特点

又称金都尔。一种广谱、低毒除草剂，主要通过植物的幼芽即单子叶植物的胚芽鞘、双子叶植物的下胚轴吸收向上传导，种子和根也吸收传导，但吸收量较少，传导速度慢。出苗后主要靠根吸收向上传导，抑制幼芽与根的生长。敏感杂草在发芽后出土前或刚刚出土即中毒死亡，表现为芽鞘紧包着生长点，稍变粗，胚根细而弯曲，无须根，生长点逐渐变褐色、黑色烂掉。如果土壤墒情好，杂草被杀死在幼苗期；如果土壤水分少，杂草出土后随着降雨土壤湿度增加，杂草吸收异丙甲草胺，禾本科草心叶扭曲、萎缩，其他叶皱缩后整株枯死，阔叶杂草叶皱缩变黄整株枯死。因此施药应在杂草发芽前进行。作用机制为通过阻碍蛋白质的合成而抑制细胞生长。防除一年生禾本科杂草、部分双子叶杂草和一年生莎草科杂草。

540. 克草胺的特点

选择性芽前土壤处理除草剂。由萌发杂草的芽鞘、幼芽吸收药剂而发挥杀草作用。防除稗草、马唐、狗尾草、马齿苋、灰菜等一年生单子叶和部分阔叶杂草。

541. 喹草酮的特点

作用机理是HPPD抑制剂。是高粱专用选择性超高效除草剂，对高粱表现出高度安全性，对玉米和小麦也非常安全，防效显著优于同类除草剂硝磺草酮。杀草谱广，对多种阔叶杂草及禾本科杂草均表现出高效除草活性，尤其对狗尾草和野糜子表现出优异防效。

542. 喹禾灵的特点

又称禾草克。选择性内吸传导型茎叶处理剂。在禾本科杂草与双子叶作物间有高度选择性，茎叶可在几个小时内完成对药剂的吸收作用，向植物体内上部和下部移动。一年生杂草在24h内药剂可传遍全株，主要积累在顶端及居间分生组织中，使其坏死。一年生杂草受药后，2～3天新叶变黄，生长停止，4～7天茎叶呈坏死状，10天内整株枯死；多年生杂草受药后能迅速向地下根茎组织传导，使其节间和生长点受到破坏，失去再生能力。防除单子叶杂草。

543. 利谷隆的特点及注意事项

光合作用除草剂。防除一年生杂草。具有内吸传导和触杀作用。选择性芽前、芽后除草剂。遇酸、遇碱、在潮湿土壤中或在高温下都会分解。主要通过杂草的根部吸收，也可被叶片吸收。利谷隆对甜菜、向日葵、黄瓜、甜瓜、南瓜、甘蓝、莴苣、萝卜、茄子、辣椒、烟草等敏感，在这些作物田不能使用，喷药时禁止药液飘移到上述作物上。

544. 绿麦隆的特点及注意事项

防除一年生杂草。通过植物的根系吸收，并有叶面触杀作用，属于植物光合作用电子传递抑制剂。施药后3天杂草表现中毒症状，干扰和破坏杂草的光合作用，影响叶绿素的形成，叶片绿色减退，叶尖和叶心相继变黄，植株逐渐干枯死亡，对多种禾本科及阔叶杂草有效。水稻田禁止使用绿麦隆。油菜、蚕豆、豌豆、红花、苜蓿等作物敏感不能使用。

545. 氯氨吡啶酸的特点及注意事项

合成激素型除草剂（植物生长调节剂），通过植物叶和根迅速吸收，在敏感植物体内诱导产生偏上性（如刺激细胞伸长和衰老，尤其在分生组织区表现明显），最终引起植物生长停滞并迅速死亡。防除橐吾、乌头、棘豆属及蓟属等有毒有害阔叶杂草。原则上阔叶杂草出齐后至生长旺盛期均可用药，杂草出齐后，用药越早，效果越好。牛羊取食氯氨吡啶酸处理过的牧草或干草后，氯氨吡啶酸会被牛羊通过粪便排出体外。这些粪便由于含有未降解的氯氨吡啶酸，不可以用作敏感阔叶作物的肥料，否则会产生药害；也不可以收集后进行销售，以防止通过其他途径流入阔叶作物田。应该把牛羊粪便留在牧场上自然降解或者用作禾本科牧草和小麦、玉米等禾本科作物的肥料。

546. 氯吡嘧磺隆的特点

又称草枯星。磺酰脲类除草剂，选择性内吸传导型除草剂。有效成分可在水中迅速扩散，被杂草根部和叶片吸收转移到杂草各部分，抑制支链氨基酸的生物合成，阻止细胞的分裂和伸长。敏感杂草生长机能受阻，幼嫩组织过早发黄抑制叶片生长，根部生长受阻而坏死。防除阔叶杂草及莎草科杂草。

547. 氯氟吡啶酯的特点

氯氟吡啶酯属于新型芳基吡啶甲酸酯类除草剂，商品名为灵斯科·丹。氯氟吡啶酯属合成激素类除草剂，该类除草剂与靶标位点结合后，可诱导细胞内相关生命活动暴增，从而破坏植物生长调节进程，最终导致敏感植物死亡。用于稗、鳢肠、耳基水苋、鸭舌草、异型莎草和碎米莎草等禾本科杂草、阔叶杂草和莎草，具有较广的杀草谱，但对千金子、野荸荠、日照飘拂草、扁秆藨草、萤蔺、水莎草等敏感度中等，对丁香蓼、牛毛毡等敏感度较差。

548. 氯氟吡氧乙酸的特点及注意事项

又称使它隆、氟草定。内吸传导型苗后除草剂。药后很快被植物吸收，使敏感植物出现典型激素类除草剂的反应，植株畸形、扭曲。在耐药性植物如小麦体内，氯氟吡氧乙酸可与其他物质结合成轭合物失去毒性，从而具有选择性。防除阔叶杂草。温度对其除草的最终效果无影响，但影响其药效发挥的速度。

549. 氯嘧磺隆的特点及注意事项

又称豆威。选择性芽前、芽后除草剂，可被植物根、茎、叶吸收，在植物体内进行上下传导，在生长旺盛的分生组织细胞内发挥除草作用。防除反枝苋、铁苋菜、马齿苋、鳢肠等阔叶杂草和碎米莎草，香附子等莎草科杂草。具活性高、广谱、高效、用药量低、对人畜安全等特点。用药后后茬作物不宜种植麦类、高粱、玉米、棉花、水稻、苜蓿。不可直接用于湖泊、溪流和池塘。

550. 氯酯磺草胺的特点

选择性磺酰胺类除草剂。通过根、叶吸收，并在木质部和韧皮部内传导，积累于植物分生组织内，阻止乙酰羟酸合成酶的作用，影响缬氨酸、亮氨酸、异亮氨酸的生物合成，破坏其蛋白质，使植物生长受到抑制而死亡。防除鸭跖草、红蓼、本氏蓼、苍耳、苘麻、豚草、苣荬菜、刺儿菜等阔叶杂草。

551. 麦草畏的特点

麦草畏又称百草敌，是一种低毒除草剂。具有内吸传导作用，对一年生和多年生阔叶杂草有显著防效。用于小麦、玉米、谷子、水稻等禾本科作物，用于防除猪殃殃、荞麦蔓、藜、牛繁缕、大巢菜、播娘蒿、苍耳、田旋花、刺儿菜、问荆、鳢肠等。由于麦草畏杀草谱较窄，对某些抗性杂草效果不佳。常与2甲4氯二甲胺盐混用。

552. 咪唑喹啉酸的特点及注意事项

又称灭草喹。内吸传导型选择性芽前及早期苗后除草剂。通过根、叶吸收，并在木质部和韧皮部内传导，积累于植物分生组织内，阻止乙酰羟酸合成酶的作用，影响缬氨酸、亮氨酸、异亮氨酸的生物合成，使植物生长受抑制而死亡。防除阔叶杂草和禾本科杂草。使用本品三年内不能种植以下作物，如白菜、油菜、黄瓜、马铃薯、茄子、辣椒、番茄、甜菜、西瓜、高粱、水稻等。

553. 咪唑烟酸的特点

又称阿森呐。灭生性除草剂。通过根、叶吸收，并在木质部和韧皮部内传导，积累于植物分生组织内，阻止乙酰羟酸合成酶的作用，影响缬氨酸、亮氨酸、异亮氨酸的生物合成，使植物生长受到抑制而死亡。防除一年生和多年生禾本科杂草、阔叶杂草、莎草等。

554. 咪唑乙烟酸的特点及注意事项

又称普杀特、咪草烟、普施特。选择性芽前及早期苗后除草剂。通过根、叶吸收，并在木质部和韧皮部内传导，积累于植物分生组织内，抑制乙酰羟酸合成酶的作用，影响缬氨酸、亮氨酸、异亮氨酸的生物合成，使植物生长受到抑制而死亡。防除一年生杂草。本药施药初期对大豆生长有明显抑制作用，但能很快恢复。该药在土壤中的残效期较长，对药敏感的作物如白菜、油菜、黄瓜、马铃薯、茄子、辣椒、番茄、甜菜、西瓜、高粱等均不能在施用咪唑乙烟酸三年内种植。

555. 醚磺隆的特点

又称莎多伏、甲醚磺隆。通过根部和茎部吸收由输导组织传送到分生组织，抑制支链氨基酸（如丝氨酸、异亮氨酸）的生物合成。防除一年生阔叶杂草及莎草科杂草。用药后杂草不会立即死亡，但停止生长，5～10天后植株开始黄化，枯萎死亡。在水稻体内，水稻能通过脲桥断裂、甲氧基水解、脱氨甲基及苯酚水解后与蔗糖轭合等途径，最后代谢成无毒物，在水稻根中半衰期小于1天，在水稻叶子中半衰期为3天，所以对水稻安全。

556. 嘧苯胺磺隆的特点

又称意莎得、科聚亚。胺磺酰脲类除草剂，不同于磺酰脲类除草剂，通过抑制杂草乙酸乳酸合成酶，使杂草细胞分裂停止，随后杂草整株枯死。防除大多数一年生和多年生阔叶杂草、莎草及低龄稗草。在南方稻田使用存在一定程度抑制和失绿，两周后可恢复。

557. 嘧草醚的特点

又称必利必能。嘧啶类内吸传导选择性除草剂，通过抑制乙酰乳酸合成酶的合成阻碍支链氨基酸的生物合成，使植物细胞停止分裂直至死亡，持效期可达45天。水稻田防除稗草。

558. 嘧啶肟草醚的特点

又称嘧啶草醚。新颖的肟酯类化合物，广谱选择性芽后除草剂，本品通过根叶吸收抑制乙酰乳酸合成而阻碍支链氨基酸生物合成，抑制植物分生组织生长，从而杀死杂草。对水稻移栽田、直播田的稗草、一年生莎草及阔叶杂草有较好的防除效果。药剂除草速度较慢，施药后能抑制杂草生长，但在2周后枯死。

559. 灭草松的特点

又称苯达松、噻草平、百草克。触杀型具选择性的苗后除草剂，用于苗期茎叶处理，通过叶片接触而起作用。旱田使用，先通过叶面渗透传导到叶绿体内抑制光合作用。水田使用既能通过叶面渗透又能通过根部吸收，传导到茎叶，强烈阻碍杂草光合作用和水分代谢，造成营养饥饿，使生理机能失调而致死。防除恶性莎草科（三棱草）及一年生阔叶杂草。有效成分在耐性作物体内代谢为活性弱的糖轭合物而解毒，对作物安全，施药后6～18周灭草松在土壤中可被微生物分解。

560. 扑草净的特点

又称扑蔓尽、割草佳、扑灭通。防除阔叶杂草。选择性内吸传导型除草剂，可从根部吸收，也可从茎叶渗入体内，运输至绿色叶片内抑制光合作用，中毒杂草失绿逐渐干枯死亡，发挥除草作用，其选择性与植物生态和生化反应的差异有关，对刚萌发的杂草防效最好。扑草净水溶性较低，施药后可被土壤黏粒吸附在0～5cm表土中，形成药层，使杂草萌发出土时接触药剂，持效期20～70天，旱地较水田长，黏土中更长。

561. 嗪吡嘧磺隆的特点

一种磺酰脲类内吸性除草剂，作用机理是有效抑制乙酰胆碱合成酶，通过抑制亮氨酸、缬氨酸、异亮氨酸的生物合成使细胞分裂受阻，从而达到抑制杂草生长的目的。对稗草、野荸荠、水莎草、苘麻、反枝苋和马唐等具有较好的防除效果，且对传统磺酰脲类除草剂产生抗性的杂草（萤蔺、鸭舌草、雨久花和野慈姑等）亦有较高的活性。

562. 嗪草酸甲酯的特点

又称阔草特。通过抑制敏感植物叶绿体合成中的原卟啉原氧化酶，造成原卟啉Ⅸ的积累，导致细胞膜坏死而植株枯死。此类药物作用需要光和氧的存在。只对阔叶草有效，尤其对苘麻特效。施药后大豆会产生轻微灼伤斑，一周可恢复正常生长，对大豆产量无不良影响。

563. 嗪草酮的特点

又称赛克。内吸选择性除草剂，有效成分被杂草根系吸收随蒸腾流向上部传导，也可被叶片吸收在体内作有限的传导。主要通过抑制敏感植物的光合作用发挥杀草活性，施药后各敏感杂草萌发出苗不受影响，出苗后叶片褪绿，最后营养枯竭而死。防除一年生阔叶杂草。

564. 氰氟草酯的特点及注意事项

又称千金。芳氧苯氧丙酸类传导型禾本科杂草除草剂。由叶片、茎秆和根系吸收，抑制乙酰辅酶A羧化酶，造成脂肪酸合成受阻，使细胞生长分裂停止、细胞膜含脂结构被破坏，导致杂草死亡。防除千金子、稗草、双穗雀稗等杂草。推荐剂量下使用，对水稻安全。不推荐与阔叶杂草除草剂混用。赤眼蜂等天敌放飞区禁用。

565. 炔草酯的特点

又称麦极。内吸传导型选择性芳氧苯氧丙酸酯类除草剂，用于苗后茎叶处理的小麦田除草剂。茎叶处理后能很快被禾本科杂草的叶子吸收，传导至整个植株，抑制植物分生组织而杀死禾本科杂草。防除野燕麦、看麦娘、硬草、茵草、棒头草等大多数重要的一年生禾本科杂草。具有耐低温、耐雨水冲刷、使用适期宽，且对小麦和后茬作物安全等特点。

566. 乳氟禾草灵的特点

又称克阔乐。选择性苗后茎叶处理除草剂，通过植物茎叶吸收，在体内进行有限的传导，通过破坏细胞膜的完整性而导致细胞内含物的流失，最后使草叶干枯而致死。在充足光照条件下，施药后2～3天，敏感的阔叶杂草叶片出现灼伤斑，并逐渐扩大，整个叶片变枯，最后全株死亡。防除多种一年生阔叶杂草。使用本品后，大豆茎叶可能出现枯斑或黄化现象，但不影响新叶生长，1～2周后恢复正常，不影响产量。

567. 噻吩磺隆的特点

又称阔叶散、噻磺隆。高活性磺酰脲类除草剂，可以被杂草根、茎、叶吸收，并迅速传导至生长点，施药后杂草生长很快停滞，4～7天生长点部位即现黄化、萎缩，根系退化失去吸收肥水能力。视杂草大小不同，一般于施药后7～20天逐渐死亡。该药在土壤中持效期40～60天。防除阔叶杂草。

568. 噻酮磺隆的特点

三唑啉酮类除草剂，是乙酰乳酸合成酶（ALS）抑制剂，通过抑制植物体必需氨基酸的生物合成，使细胞停止分裂、植株停止生长。同时具有土壤活性和茎叶喷雾活性，杂草根系和叶片吸收后向上传导，触杀效果好。施用后有效成分通过敏感植物根系及茎叶吸收进入植物体后，阻止植物支链氨基酸的生物合成，最终导致敏感植物枯死。有效防除玉米田小麦田和草坪上的一年生禾本科杂草和阔叶杂草，苗前、苗后早期均可使用。具有活性高、用量少、持效期长、杀草谱广、对禾本科作物安全、可与其他安全剂混用等特点。

569. 三氟羧草醚的特点

又称达克尔、达克果。苗后早期处理，被杂草吸收，作用方式为触杀，能促使气孔关闭，借助光发挥除草活性，提高植物体温度引起坏死，并抑制线粒体电子的传导，以引起呼吸系统和能量生产系统的停滞，抑制细胞分裂，使杂草致死。但进入大豆体内，被迅速代谢，因此能选择性防除阔叶杂草。在普通土壤中，不会渗透进入深土层，能被土壤中微生物和日光降解成二氧化碳。

570. 三甲苯草酮的特点

又称肟草酮。属于环己烯酮类除草剂，作用于乙酰辅酶A羧化酶（ACCase），叶面施药后迅速被植物吸收，从韧皮部转移到生长点，在此抑制杂草生长。杂草失去绿色，后变色枯死，一般3～4周内完全枯死。小麦田防除硬草、看麦娘、野燕麦、狗尾草、马唐、稗草等禾本科杂草。

571. 三氯吡氧乙酸的特点

又称绿草定、盖灌能。内吸传导型选择性除草剂，能迅速被叶和根吸收，并在植物体内传导。作用于核酸代谢，使植物产生过量的核酸，使一些组织转变成分生组织，造成叶片、茎和根生长畸形，贮藏物质耗尽，维管束组织被栓塞或破裂，植株逐渐死亡。用来防治针叶树幼林地中的阔叶杂草和灌木，在土壤中能迅速被土壤微生物分解，半衰期为46天。

572. 三唑磺草酮的特点及注意事项

三唑磺草酮是新型HPPD抑制剂类除草剂。用于防除水稻田抗性稗草、千金子、稻稗、李氏禾（稻李氏禾）等禾本科杂草及部分阔叶杂草，对水稻安全。适用于水稻移栽田和直播田。使用时避免在糯稻和杂交水稻制种田使用，水稻整个生育期最多使用1次，勿超剂量使用。

573. 莎稗磷的特点

又称阿罗津。内吸传导选择性除草剂。药剂主要通过植物的幼芽和茎吸收，抑制细胞分裂与伸长。对正萌发的杂草效果最好，对已长大的杂草效果较差。杂草受害后生长停止，叶片深绿，有时脱色，叶片变短而厚，极易折断，心叶不易抽出，最后整株枯死。对水稻安全，药剂的持效期30天左右。

574. 双草醚的特点

又称杨酸双嘧啶、农美利。苯甲酸类选择性除草剂，通过根叶吸收抑制乙酰乳酸合成而阻碍支链氨基酸生物合成，抑制植物分生组织生长，从而杀死杂草。在水稻直播田中使用，除草谱广。防除一年生阔叶杂草。

575. 双氟磺草胺的特点

又称麦喜为、麦施达。双氟磺草胺是三唑并嘧啶磺酰胺类超高效除草剂，是内吸传导型除草剂，可以传导至杂草全株，因而杀草彻底，不会复发。防除一年生禾本科杂草及阔叶杂草。在低温下药效稳定，即使是在2℃时仍能保证稳定药效，这一点是其他除草剂无法比拟的。

576. 双环磺草酮的特点

双环磺草酮是属于对羟基苯基丙酮酸双氧化酶（HPPD）抑制剂类除草剂。双环磺草酮被杂草吸收后，其水解物从杂草的根和茎基部内吸传导至全株，通过抑制HPPD的活性，阻碍对羟基苯基丙酮酸（HPPA）转化为尿黑酸（HGA），进而影响质体醌的合成，然后由质体醌对八氢番茄红素脱氢酶（PDS）作用，从而影响植物光合作用，导致杂草中毒白化枯死。双环磺草酮属于芽前、苗后除草剂，具有杀草谱广、对恶性和抗性杂草效果突出、施药期宽、持效期长、对粳稻安全、对环境友好等诸多优点。

577. 双氯磺草胺的特点

双氯磺草胺是三唑并嘧啶磺酰胺类除草剂，是乙酰乳酸合成酶（ALS）抑制剂。通过杂草叶片、鞘部、茎部或根部吸收，在生长点累积，抑制乙酰乳酸合成酶，无法合成支链氨基酸，进而影响蛋白质合成，最终影响杂草的细胞分裂，造成杂草停止生长、黄化，然后枯死。对大豆田阔叶杂草凹头苋、反枝苋、马齿苋等有较好的防效，对鸭跖草、苘麻、碎米莎草也有好的防效。

578. 双唑草酮的特点及注意事项

双唑草酮通过抑制4-羟基苯基丙酮酸双氧化酶（HPPD）的活性，使对羟基苯基丙酮酸转化为尿黑酸的过程受阻，从而导致生育酚及质体醌无法正常合成，影响靶标体内类胡萝卜素合成，导致叶片发白，最终使杂草死亡。用于防除冬小麦田中的一年生阔叶杂草，由于其在小麦田独特的作用机理，对抗性和多抗性的播娘蒿、荠菜、野油菜、繁缕、牛繁缕、麦家公等阔叶杂草效果优异。施药时避免药液飘移到邻近阔叶作物上，以防产生药害。每季最多使用一次。

579. 甜菜安的特点

又称甜草灵。选择内吸性除草剂，通过叶面被吸收，为光合作用抑制剂。用在甜菜地苗后防除阔叶杂草如苋菜，可与甜菜宁混用，防除阔叶杂草。甜菜安只能通过叶子吸收，正常生长条件下土壤和湿度对其药效无影响，杂草生长期最适宜用药。对甜菜安全。

580. 甜菜宁的特点

又称凯米丰、苯敌草。选择性苗后茎叶处理剂，对甜菜田大多数阔叶杂草有良好的防治效果，对甜菜高度安全，杂草通过茎叶吸收后传导到各部分，其主要作用是阻止合成三磷酸腺苷和还原型烟酰胺腺嘌呤磷酸二苷之前的希尔反应中的电子传递作用，从而使杂草的光合同化作用遭到破坏，甜菜对进入体内的甜菜宁可进行水解代谢，使之转化为无害化合物，从而获得选择性，甜菜宁药效受土壤类型和湿度影响较小。

581. 五氟磺草胺的特点

又称稻杰。由杂草叶片、鞘部或根部吸收，传导至分生组织，造成杂草生长停止，黄化，然后死亡。防除稗草（包括稻稗）、一年生阔叶杂草和莎草等杂草。

582. 西草净的特点及注意事项

又称草净津、百得斯。选择性内吸传导型除草剂。可从根部吸收，也可从茎叶渗透入体内，运输至绿色叶片内，抑制光合作用希尔反应，影响糖类的合成和淀粉的积累，发挥除草作用。田间以稗草及阔叶杂草为主，施药应适当提早，于秧苗返青后施药。但小苗、弱苗易产生药害，最好与除稗草剂混用以减低用量。防除恶性杂草眼子菜，对早期稗草、瓜皮草、牛毛草均有显著效果。用药时温度应在30℃以下，超过30℃易产生药害。西草净主要在北方使用。

583. 西玛津的特点及注意事项

又称西玛嗪、田保净。植物主要通过根系吸收，茎叶也可吸收部分药剂，传导到全株，破坏糖的形成，抑制淀粉的积累。经数日后，叶片枯黄，继而凋谢，全株饥饿而死。防除一年生杂草如马唐、稗草、牛筋草、碎米莎草、野苋菜、苘麻、反枝苋、马齿苋、铁苋菜等。西玛津的残效期长，对某些敏感后茬作物生长有不良影响，如对小麦、大麦、燕麦、棉花、大豆、水稻、瓜类、油菜、花生、向日葵、十字花科蔬菜等有药害。

584. 烯草酮的特点及注意事项

又称赛乐特、收乐通。内吸传导型茎叶处理剂，有优良的选择性，对禾本科杂草有很强的杀伤作用，对双子叶作物安全。茎叶处理后经叶迅速吸收，传导到分生组织，在敏感植物中抑制支链脂肪酸和黄酮类化合物的生物合成而起作用，使其细胞分裂受破坏，抑制植物分生组织的活性，使植株生长延缓，施药后1～3周内植株失绿坏死，随后叶灼伤干枯而死亡，对大多数一年生、多年生禾本科杂草有效。加入表面活性剂、植物油等助剂能显著提高除草活性。不宜用在小麦、大麦、水稻、谷子、玉米、高粱等禾本科作物。间套或混种有禾本科作物的田块，不能使用本品。

585. 烯禾啶的特点

又称拿捕净。选择性强的内吸传导型茎叶处理剂，能被禾本科杂草茎叶迅速吸收，并传导到顶端和节间分生组织，使其细胞分裂遭到破坏。由生长点和节间分生组织开始坏死，受药植株3天后停止生长，7天后新叶褪色或出现花青素色，2～3周全株枯死。本剂在禾本科与双子叶植物间选择性很高，对阔叶作物安全。烯禾啶传导性强，在禾本科杂草2叶至2个分蘖期间均可施药。降雨基本不影响药效。

586. 酰嘧磺隆的特点

又称好事达。磺酰脲类苗后选择性除草剂。在土壤中易被土壤微生物分解，在推荐剂量下，对当茬麦类作物和下茬作物安全。杂草出苗后尽早用药。防除阔叶杂草。

587. 烟嘧磺隆的特点及注意事项

又称玉农乐、烟磺隆。内吸性除草剂，被叶和根迅速吸收，并通过木质部和韧皮部迅速传导。通过乙酰乳酸合成酶来阻止支链氨基酸的合成。施用后杂草立即停止生长，4～5天新叶褪色、坏死，并逐步扩展到整个植株，一般条件下处理后20～25天植株死亡。防除多种一年生禾本科杂草、阔叶杂草及莎草科杂草。玉米对该药有较好的耐药性，处理后出现暂时褪绿或轻微的发育迟缓，但一般能迅速恢复而且不减产。甜玉米、爆裂玉米、制种田玉米、自留玉米种子不宜使用。不要和有机磷杀虫剂混用或使用本剂前后7天内，不要使用有机磷杀虫剂，以免发生药害。

588. 野麦畏的特点及注意事项

又称阿畏达、燕麦畏。防除野燕麦类的选择性土壤处理剂。野燕麦在萌发通过土层时，主要由芽鞘或第一片子叶吸收药剂，并在体内传导，生长点部位最为敏感，影响细胞分裂和蛋白质的合成，抑制细胞伸长，芽鞘顶端膨大，鞘顶空心，致使野燕麦不能出土而死亡。而出苗后的野燕麦，由根部吸收药剂，野燕麦吸收药剂中毒后，生长停止，叶片深绿，心叶干枯而死亡；小麦萌发24h后便有分解野麦畏的能力，而且随生长发育抗药性逐渐增强，因而小麦有较强的耐药性。野麦畏挥发性强，其蒸气对野燕麦也有毒杀作用，施后要及时混土。在土壤中主要为土壤微生物所分解。

589. 野燕枯的特点及注意事项

又称燕麦枯。选择性苗后处理剂，主要用于防除野燕麦，作用于植株的生长点，使顶端、节间分生组织中细胞分裂和伸长受破坏，抑制植株生长。不可与除阔叶草的钠盐或钾盐除草剂及2甲4氯丙酸混用，需要间隔7天。

590. 乙草胺的特点及注意事项

又称乙基乙草安、禾耐斯、消草安。选择性芽前除草剂。可被植物幼芽吸收，单子叶植物通过芽鞘吸收，双子叶植物通过下胚轴吸收传导，必须在杂草出土前施药，有效成分在植物体内干扰核酸代谢及蛋白质合成，使幼芽、幼根停止生长，如果田间水分适宜幼芽未出土即被杀死；如果土壤水分少，杂草出土后，随土壤湿度增大杂草吸收药剂后而起作用，禾本科杂草心叶卷曲萎缩，其他叶皱缩，整株枯死。防除一年生禾本科杂草和部分阔叶杂草。黄瓜、水稻、菠菜、小麦、韭菜、谷子、高粱不宜用该药，水稻秧田绝对不能用。

591. 乙羧氟草醚的特点

又称克草特。新型高效二苯醚类苗后除草剂。它被植物吸收后，使原卟啉氧化酶受抑制，生成对植物细胞具有毒性的四吡咯，四吡咯积聚而发生作用。它具有作用速度快、活性高、不影响下茬作物等特点。防除藜科、蓼科、苋菜、苍耳、龙葵、马齿苋、鸭跖草、大蓟等多种阔叶杂草。

592. 乙氧呋草黄的特点

又称甜菜宝、灭草呋喃。苯并呋喃类芽前芽后选择性除草剂，通过抑制植物体脂类物质合成，阻碍分生组织生长和细胞分裂，限制蜡质层的形成，从而使杂草死亡。防除部分阔叶杂草及禾本科杂草。

593. 乙氧氟草醚的特点

又称氟硝草醚、果尔、割草醚。二苯醚需光触杀型除草剂，在有光的情况下发挥杀草作用。主要通过胚芽鞘、中胚轴进入植物体内，经根部吸收较少，并有极微量通过根部向上运输进入叶部。芽前和芽后早期施用效果最好，对种子萌发的杂草除草谱较广，能防除阔叶杂草、莎草及稗，但对多年生杂草只有抑制作用。在水田里，施入水层后在24h内沉降在土表，水溶性极低，移动性较小，施药后很快吸附于0～3cm表土层中，不易垂直向下移动，三周内被土壤中的微生物分解成二氧化碳，在土壤中半衰期为30天左右。

594. 乙氧磺隆的特点及注意事项

又称乙氧嘧磺隆、太阳星。内吸选择性土壤兼茎叶除草剂，在植株体内传导，通过抑制杂草体内乙酰乳酸合成酶（ALS）的活性，从而阻碍亮氨酸、异亮氨酸、缬氨酸等支链氨基酸的合成，使细胞停止分裂，最后导致杂草死亡。防除阔叶杂草及莎草。对水生藻类有毒，应避免其污染地表水、鱼塘和沟渠等。其包装等污染物宜作焚烧处理，禁止他用。

595. 异丙甲草胺的特点

又称都尔、稻乐思。酰胺类选择性芽前大田除草剂，通过幼芽吸收，其中单子叶杂草主要是芽鞘吸收，双子叶植物通过幼芽及幼根吸收，向上传导，抑制幼芽与根的生长，敏感杂草在发芽后出土前或刚刚出土即中毒死亡。作用机理为主要抑制发芽种子的蛋白质合成，其次抑制胆碱渗入磷脂，干扰卵磷脂形成。防除一年生禾本科和部分阔叶杂草。

596. 异丙隆的特点

光合作用电子传递抑制剂，属于取代脲类选择性苗前、苗后除草剂，旱田除草剂。通过杂草根系和幼叶吸收，输导并积累在叶片中，抑制光合作用，导致杂草死亡。防除硬草、菵草、看麦娘、日本看麦娘、牛繁缕、碎米荠、稻茬菜等杂草及部分阔叶杂草。

597. 异丙酯草醚的特点

防除一年生杂草，如看麦娘、繁缕等。由根、芽、茎、叶吸收并在植物体内传导，以根、茎吸收和向上传导为主。

598. 异噁草松的特点及注意事项

又称广灭灵。防除一年生禾本科及部分阔叶杂草。选择性芽前除草剂，被吸收后可控制敏感植物叶绿素的生物合成，使植物在短期内死亡。大豆具特异代谢作用，使异噁草松变为无杀草作用的代谢物而具有选择性。在水稻、油菜田使用，作物叶片可能出现白化现象，在推荐剂量下使用不影响后期生长和产量。对白菜型油菜和芥菜型油菜敏感，禁止使用。

599. 异噁唑草酮的特点

又称百农思。对羟基苯基丙酮酸双氧化酶（HPPD）抑制剂。通过抑制对羟基苯基丙酮酸酯双氧化酶的合成，导致酪氨酸积累，使质体醌和生育酚的生物合成受阻，进而影响到类胡萝卜素的生物合成，因此HPPD抑制剂与类胡萝卜素生物抑制剂的作用症状相似。其作用特点是具有广谱的除草活性、苗前和苗后均可使用、杂草出现白化后死亡。虽其症状与类胡萝卜素生物抑制剂的作用症状极相似，但其化学结构特点如极性和电离度与已知的类胡萝卜素生物抑制剂等有明显的不同。用于防除一年生杂草。

600. 莠灭净的特点及注意事项

又称阿灭净。选择性内吸传导型除草剂。杀草作用迅速，是一种典型的光合作用抑制剂。通过对光合作用电子传递的抑制，导致叶片内亚硝酸盐积累，致植物受害至死亡；其选择性与植物生态和生化反应的差异有关，对刚萌发的杂草防治效果最好。防除一年生杂草，高剂量可防治某些多年生杂草，还可以防除水生杂草。可被0 ～ 5cm土壤吸附，形成药层，使杂草萌发出土时接触药剂，莠灭净在低浓度下，能促进植物生长，即刺激幼芽与根的生长，促进叶面积增大，茎加粗等；在高浓度下，则对植物产生强烈的抑制作用。豆类、麦类、棉花、花生、水稻、瓜类及浅根系树木易发生药害，间种这类作物的田块禁用。

601. 莠去津的特点及注意事项

又称阿特拉津、莠去尽、阿特拉嗪。选择性内吸传导型苗前、苗后除草剂。根吸收为主，茎叶吸收很少，迅速传导到植物分生组织及叶部，干扰光合作用，使杂草死亡。防除由种子繁殖的一年生杂草，对许多禾本科杂草也有较好的防效。杀草作用和选择性同西玛津，易被雨水淋洗至较深层，致使对某些深根性杂草有抑制作用。在土壤中可被微生物分解，残效期视用药剂量、土壤质地等因素而定，可长达半年左右。蔬菜、大豆、桃树、小麦、水稻等对莠去津敏感，不宜使用。有机质含量超过6%的土壤，不宜作土壤处理，以茎叶处理为好。果园使用莠去津，对桃树不安全，因桃树对莠去津敏感，表现为叶黄、缺绿、落果、严重减产，一般不宜使用。

602. 仲丁灵的特点

又称丁乐灵、地乐胺、双丁乐灵、止芽素。选择性萌芽前除草剂。其作用与氟乐灵相似，药剂进入植物体内后，主要抑制分生组织的细胞分裂，从而抑制杂草幼芽及幼根的生长，导致杂草死亡。防除一年生禾本科杂草。

603. 唑嘧磺草胺的特点

又称阔草清。乙酰乳酸合成酶（ALS）抑制剂。无论茎叶或土壤处理，对大多数阔叶杂草、禾本科及莎草科杂草均有高度活性，土壤处理的杀草谱更广。用于芽前表面处理或作为播前土壤混拌除草剂，能防除大豆、玉米等阔叶杂草，对禾本科和莎草科草效果较差。

第八章

植物生长调节剂知识

604. 植物激素

又称内源激素或天然激素，是植物体内自行产生的一种具生理活性的有机化合物。它可由产生的部位或组织运送到其他器官。这类物质在植物体内含量极微，但作用很大，是植物生命活动不可缺少的物质。

605. 植物生长调节剂

人工合成的具有植物激素活性的能调节植物生长发育的物质。

606. 植物生长调节剂的作用类别

（1）生长促进剂。为人工合成的类似生长素、赤霉素、细胞分裂素类物质。能促进细胞分裂和伸长，新器官的分化和形成，防止果实脱落。它们包括：2,4-滴、吲哚乙酸、吲哚丁酸、萘乙酸、2,4,5-涕、2,4,5-涕丙酸、甲萘威（西维因）、增产灵、赤霉素等。

（2）生长延缓剂。为抑制茎顶端下部区域的细胞分裂和伸长生长，使生长速率减慢的化合物。导致植物体节间缩短，诱导矮化，促进开花，但对叶大小、叶片数目、节的数目和顶端优势相对没有影响。生长延缓剂主要起阻止赤霉素生物合成的作用。这些物质包括：矮壮素（chlormequat）、丁酰肼（比久）、氯化膦-D、甲哌鎓（缩节胺，mepiquat chloride）等。

（3）生长抑制剂。与生长延缓剂不同，主要抑制顶端分生组织中的细胞分裂，造成顶端优势丧失，使侧枝增加，叶片缩小。它不能被赤霉素所逆转。这类物质有：抑芽丹（MH）、三碘苯甲酸（TIBA）、整形素（氯甲丹）、增甘膦等。

（4）乙烯释放剂。人工合成的释放乙烯的化合物，可催促果实成熟。乙烯利是最为广泛应用的一种。乙烯利在pH ≤ 4是稳定的，当植物体内pH达5 ～ 6时，其慢慢降解，释放出乙烯气体。

（5）脱叶剂。脱叶剂可引起乙烯的释放，使叶片衰老脱落。其主要物质有三丁三硫代丁酸酯、氰氨钙、氨基三唑等。脱叶剂常为除草剂。

（6）干燥剂。干燥剂通过受损的细胞壁使水分急剧丧失，促成细胞死亡。它在本质上是接触型除草剂，主要有百草枯、禾草丹、五氯苯酚等。

607. 植物生长调节剂按照功能划分

扦插生根类植物生长调节剂有吲哚乙酸、吲哚丁酸、萘乙酸、ABT生根粉（主要成分是吲哚丁酸钾和萘乙酸钠）等。

抑制新梢生长类植物生长调节剂有丁酰肼、调节膦、矮壮素、多效唑等。

保花保果类植物生长调节剂有胺鲜酯、防落素、芸苔素内酯、细胞分裂素、复硝酚钠、矮壮素等。

提高抗逆性，增强植株长势类植物生长调节剂有复硝酚钠、胺鲜酯。

膨大果实，增产类植物生长调节剂有赤霉素、三十烷醇、丁酰肼、缩节胺、细胞分裂素、助壮素、脱落酸（ABA）、氯吡苯脲等。

提早成熟类植物生长调节剂有乙烯利、赤霉素。

延迟成熟类植物生长调节剂有ATOA（2-苯并吡噻氧基乙酸）。

果实无核化类植物生长调节剂有赤霉素、2,4-滴、对氯苯氧乙酸（PCPA）、赤霉素 + 抗生素等。

608. 植物生长调节剂有哪几种施用方法

（1）浸蘸法　对种子、块根、块茎或叶片的基部进行浸渍处理的一种施药方法。高浓度时，浸渍数秒即可取出。低浓度时浸渍数小时。

（2）喷洒法　用喷雾器将生长调节剂稀释液喷洒到植物叶面或全株上，是生产上最常用的一种施药方法。

（3）土壤浇施　把调节剂按一定的浓度及用量浇到土壤中，以便根系吸收而起作用的一种施药方法。如小麦田将矮壮素与灌溉水同时使用。

（4）涂布法　用毛笔或其他用具把药涂在待处理的植物器官或特定部位。这种方法用于易引起药害的调节剂，可以避免药害并显著降低用药量。如用2,4-滴防止番茄落花时，因其易引起嫩芽和嫩叶的变形，于是只把药用在花上。用高浓度的乙烯利对采收前的柑橘、番茄果实进行催熟时，就用这种方法。

609. 影响植物生长调节剂作用的因素

（1）环境条件　①温度。一定温度范围内，随着温度升高，效果增加，温度升高叶面角质层通透性增加，加快叶片吸收，同时，叶面的蒸腾作用和光合作用较强，水分和同化产物运转较快，有利于传导，夏季比春、秋季效果好。②湿度。湿度高，有利于叶片吸收，增加效果。③光照。光照下气孔开放，有利于吸收，加速蒸腾与光合作用，有利于发挥药效，但光太强，药液易干燥，不利于叶面吸收，应避免中午喷洒，此外，有风雨时喷施不利于发挥药效。

（2）栽培措施　植物生长调节剂发挥作用必须有水、肥、光、湿度等作为其环境基础，如果水、肥供应不足，则后劲不足，植株早衰，达不到预期效果。

（3）植物生长发育状况　一般而言，植株健壮效果好，长势瘦弱效果差。

（4）使用时期　适宜时期用药效果好，反之则差，例如乙烯利催熟棉花，一般于棉铃的铃龄在4～5d以上时用，过早，催熟过快，铃重轻，幼铃脱落，过迟则无意义。果树用NAA，于疏果、疏花后使用，保果剂在果实膨大期使用，黄瓜用乙烯利诱导雌花形成，在幼苗1～3叶期喷施。

（5）使用浓度　使用浓度受多种因素影响，一般浓度过低，无效果；浓度高，破坏生理活动，引起伤害。

（6）使用方法　不同药剂、不同作物、不同目的，采用不同的施药方法。

610. 使用植物生长调节剂注意事项

（1）掌握正确的使用浓度、使用方法、使用部位等，如使用乙烯利可促进主蔓早开雌花，但使用的时期必须是4～6叶真叶期，提早使用容易发生药害；茄果类蔬菜使用2,4-滴很容易产生药害，防治方法是掌握使用浓度，并应根据使用时植株的生长势、温度等作适当调整。

（2）要先试验确定最适使用浓度，再大面积推广。植物生长调节剂的应用效果与使用浓度密切相关。如果浓度过低，不能产生应有的效果；浓度过高，会破坏植物正常的生理活动，甚至伤害植物。

（3）注意使用时的气候条件。目前使用方法大多为叶面喷洒，植物可通过气孔吸收药液。温度过低叶面吸收缓慢；温度过高，药液水分易蒸发，易造成过量未被吸收的药剂沉淀在叶表面，对组织有害。在干旱气候条件下施用，施药浓度应降低；反之，在雨水充足的季节里施用，应适当加大浓度。施药时间应掌握在上午10点、下午4点左右，在大风天气和即将降雨时不宜施药，施药后4h遇雨要酌情补施半量或全量药液。如浇灌土壤，不要浇水太多，以免药剂从盆底流失，影响药效。

（4）使用部位及方法要正确。施用植物生长调节剂时，要根据施用目的和药效原理确定处理部位。如2,4-滴防止落花落果，就要把药剂涂在花朵上，抑制离层的形成，如果用2,4-滴处理幼叶，就会造成伤害。

（5）不要随意混用。几种植物生长调节剂混用或与其他农药、化肥混用，必须在充分了解混用农药之间的增强或抵抗作用的基础上决定是否可行，不要随意混用。

611. *S*-诱抗素的特点及功效

S-诱抗素（*S*-ABA，脱落酸），*S*-诱抗素的生理作用主要包括：①促进发芽和营养生长，增强发芽能力，促进作物初期生长；②使作物气孔关闭，防止作物萎蔫，促进移栽成活；③促进光合作用和营养物质的生成；④促进作物对钾、钙、镁、磷等矿物质的吸收，提高肥料利用率；⑤花芽分化前可抑制花朵形成，花芽分化后可促进花朵形成；⑥提高受精和结果

率，促进果实膨大、着色、成熟、风味形成及提高鲜度和贮存性；⑦提高多种抗逆性，抗高温、抗冷害、抗干旱、抗洪涝、抗盐碱，提高抗氧化作用，提高作物品质；⑧即使在日光直射下使用，也能较稳定发挥效果，而日光、黑暗交替能促进*S*-诱抗素活性稳定，显示出与其他激素使用的加成效果。

612. 矮壮素的特点及功效

矮壮素属植物生长延缓剂，主要抑制植株体内赤霉素的生物合成，可抑制植物细胞伸长而不影响细胞分裂，最终使植物矮化，茎秆粗壮，叶色变深，叶片增厚。具有控制植株营养生长，抗倒伏，增强光合作用，提高抗逆性，改善品质，提高产量等作用。当植株长势弱、生长环境肥力差时，请勿使用，以免造成药害。

613. 胺鲜酯的特点及功效

胺鲜酯是一种新型植物生长调节剂，主要通过调节植物体中的内源激素含量，提高植株中叶绿素、蛋白质和核酸的含量；增强植株光合速率，提高过氧化物酶及硝酸还原酶活性；提高植株碳、氮的代谢能力，增强植株对水、肥的吸收；调节植株体内部水分的平衡，从而提高植株抗旱、抗寒的能力。

614. 赤霉素的特点及功效

促进植株茎秆伸长和诱导长日照植物在短日照条件下抽薹开花的生理效应。可刺激植物细胞生长，使植株长高，叶片增大；除此之外，赤霉素还能打破种子、块茎和块根的休眠，促使其萌发；能刺激植株果实生长，提高结实率或形成无籽果实。同时赤霉素还是多效唑、矮壮素等多种生长抑制剂的拮抗剂。

615. 多效唑的特点及功效

多效唑属于三唑类植物生长延缓剂，主要通过作物根系吸收，能抑制植物体内赤霉素合成，也可抑制吲哚乙酸氧化酶的活性，降低吲哚乙酸的生物合成，增加乙烯释放量，延缓植物细胞的分裂和伸长，可使节间缩短、茎秆粗壮，使植株矮化紧凑；还可促进花芽形成，保花保果，对植株病害也有一定预防作用。多效唑在土壤中残留时间较长，田块收获后必须翻耕，以免对下茬作物有抑制作用。

616. 二氢卟吩铁的特点及功效

作用机理：一是可以调控叶绿素的降解（延缓降解）与合成，能增强作物叶片的光合作用，制造更多的有机物，提高作物的品质和产量；二是促进植物根系生长，其促根、生根、抗逆等效果在根茎类作物上尤为显著；三是提高作物系统抗性，调控寄主在逆境中的防御相关信号途径，增强寄主的防御反应，提高寄主抗性；四是调控油菜素甾醇（BR）、*S*-诱抗素等多个靶标或途径，诱导寄主应对低温、盐胁迫等方面的防御反应。

617. 氟节胺的特点及功效

氟节胺为接触兼局部内吸型的高效烟草侧芽抑制剂，主要用于抑制烟草腋芽发生。作用迅速，吸收快，施药后只要两小时无雨即可完全吸收，雨季中施药方便。药剂对完全伸展的烟叶不产生药害，对预防烟草花叶病有一定作用效果。

618. 复硝酚钠的特点及功效

复硝酚钠属于广谱性植物生长调节剂，可在植物播种到收获期间的任何时期使用，具有高效、低毒、无残留、适用范围广、无副作用、使用浓度范围宽等优点。施用后与植物接触能迅速渗透到植物体内，促进细胞原生质的流动，提高细胞活力。能加快植株生长速度，打破种子休眠，促进生长发育，防止落花落果、裂果、缩果等，改善产品品质，提高产量，提高作物的抗性等。除此之外，复硝酚钠还可消除吲哚乙酸形成的顶端优势，以利于腋芽生长。复硝酚钠若使用浓度过高，会对作物幼芽及生长产生抑制作用，使用时需注意控制浓度。若需在球茎类叶菜和烟草使用时，应在结球前和收烟叶前1个月停止使用。

619. 谷维菌素的特点及功效

谷维菌素来源于链霉菌的核苷类小分子代谢产物，能够长效激活和维持细胞分裂，促进器官脱分化、愈伤组织再分化，调节植物生长发育，同时还能抑制多种作物上的真菌性病原物的生长与繁殖，是一种有着广泛应用前景的新型植物生长调节剂。

620. 冠菌素的特点及功效

冠菌素是我国首个拥有完全自主知识产权的植物生长调节剂。冠菌素（COR）是一种新型的植物生长调节剂，它是茉莉酸（JA）的结构类似物，是全球第一个实现产业化的茉莉酸类分子信号调控剂。主要有四大功能：转色增糖，能够使葡萄着色更加浓郁，果粒大小十分均匀，果粉更厚；能提升种子在低温环境下的发芽率；抗逆抗病抗虫、促长增产；能引起叶片叶绿素降解并诱导果实等器官脱落，可促使棉花脱叶，还具有内吸性除草剂的功能，为新型除草剂的开发提供了新选择。冠菌素信号分子参与植物生长发育众多生理过程的调控。在低温种子萌发、作物抗逆抗病增产、促进转色增糖以及脱叶、生物除草等方面有宽广的应用前景。

621. 甲哌鎓的特点及功效

又称助壮素、缩节胺，为内吸性植物生长延缓剂，可被植物绿色部位吸收并传导至全株。具有抑制植物细胞伸长和植物体内赤霉素生物合成的作用。可通过植物叶片和根部吸收，最终传导至全株。甲哌鎓能延缓植株营养体生长，使植株节间缩短、粗壮，增加抗逆能力，具有增加叶绿素含量和提高叶片同化作用的能力，使植物提前开花，提高坐果率（结实率），导致增产。

622. 糠氨基嘌呤的特点及功效

是人类发现的第1个细胞分裂素，可促进植物细胞分裂分化，广泛存在于海藻及大多数植物体中，属于植物体产生的对植物生长具有调节作用的内源（天然）植物生长调节剂。功能主要表现在可促进细胞分裂、分化和生长；诱导愈伤组织长芽，解除顶端优势；打破侧芽休眠，促进种子发芽；延缓离体叶片和切花衰老；诱导芽分化和发育及增加气孔开度；调节营养物质的运输；促进结实等。

623. 抗倒酯的特点及功效

抗倒酯为植物生长延缓剂，主要为赤霉素生物合成的抑制剂，主要通过抑制植物体内赤霉素的生物合成来调节植物生长。具有抑制作物旺长、防止倒伏的作用。将其施于叶部，可输导到生长的枝条上，缩短节间长度。

624. 抗坏血酸的特点及功效

抗坏血酸在植物体内可参与电子传递系统中的氧化还原作用，能促进植物的新陈代谢；也有捕捉植物体内自由基的作用，还可以提高番茄抗灰霉病的能力。抗坏血酸易溶于水，且水溶液接触空气后很快氧化为脱氢抗坏血酸，所以生产中应现配现用。

625. 氯苯胺灵的特点及功效

氯苯胺灵使用后可被禾本科植物的芽鞘、根部和叶子吸收，也可被马铃薯表皮或芽眼吸收，能强烈抑制植物β-淀粉酶活性，具有抑制植物RNA、蛋白质合成，干扰氧化磷酸化和光合作用，破坏细胞分裂的作用。作为植物生长调节剂，可显著抑制贮存时的发芽现象，也用于疏花、疏果，同时也是一种高度选择性苗前苗后早期除草剂。氯苯胺灵对马铃薯芽具有抑制作用，所以不能用于马铃薯大田的种薯。

626. 氯吡脲的特点及功效

氯吡脲是一种新型高效植物生长调节剂，对植物细胞分裂、组织器官的横向生长和纵向生长以及果实膨大具有明显促进作用；可延缓叶片衰老，加强叶绿素合成，提高光合作用，促使叶色加深变绿；在植物生长过程中能打破顶端优势，促进侧芽萌发；氯吡脲还可诱导植物芽的分化，促进侧枝生成，增加枝数，增多花数，提高花粉受孕性；除此之外还可改善作物品质，提高商品性，诱导单性结实，刺激子房膨大，防止落花落果，促进蛋白质合成，提高含糖量等。生产中使用浓度不能随意加大，否则容易导致果实出现味苦、空心、畸形等现象。在甜瓜、西瓜上需慎用，以免影响果实的品质。

627. 氯化胆碱的特点及功效

氯化胆碱可经由植物茎、叶、根吸收，然后较快地传导到靶标位点，其生理作用可抑制C3植物的光呼吸，促进根系发育，可使光合产物尽可能多地累积到块茎、块根中去，从而增加产量、改善品质。

628. 氯化血红素的特点及防治对象

具有促进细胞原生质流动、提高细胞活力、加速植株生长发育、促根壮苗、保花保果、增强抗氧化能力以及改善抗逆性等功能。通过增强植物细胞的呼吸作用，促进植物生长和形态建成，提高抗氧化能力以及改善抗/耐逆性。对马铃薯、番茄等作物增产效果明显。

629. 萘乙酸的特点及功效

萘乙酸为生长素类广谱性植物生长调节剂，除具有一般生长素的基本作用外，还具有类似吲哚乙酸的作用特点和生理功效，且不会被吲哚乙酸氧化酶降解，使用后不易产生药害。它主要促进细胞分裂与扩大，诱导形成不定根，增加坐果，防止落果，改变雌、雄花比率等，可经植株叶片、树枝的嫩表皮、种子及根系吸收进入到植株体内，随营养流输导到各个作用位点。不宜在早熟苹果品种上用于疏花、疏果，易产生药害。

630. 尿囊素的特点及功效

尿囊素是脲类植物生长调节剂，可刺激植物生长，对小麦、柑橘、水稻、蔬菜、大豆等均有显著增产效果，并有固果、早熟作用。①尿囊素在粮食作物上的应用。尿囊素有促进冬小麦增产的作用，提高早稻抗寒的能力。玉米在幼苗期喷施尿囊素有利于壮苗的形成，生成发达的根系，从而促进地上部分的生长。②尿囊素在经济作物上的应用。对荔枝、柑橘有控梢保果增产的作用。③尿囊素在蔬菜上的应用。用复合尿囊素浸种或在幼苗期、开花结果期进行喷施，能显著提高辣椒种子的发芽率，并促进提早开花结果，增加产量。

631. 羟烯腺嘌呤的特点及功效

羟烯腺嘌呤属于细胞分裂素类，广泛存在于植物种子、根、茎、叶、幼嫩分生组织及发育的果实中。主要由植物根尖分泌传导至其他部位。具有刺激细胞分裂，促进叶绿素形成，加速植物新陈代谢和蛋白质合成的作用。可促使作物早熟丰产，促进花芽分化和形成，防止早衰及果实脱落，提高植物抗病、抗衰老、抗寒能力。

632. 噻苯隆的特点及功效

噻苯隆为具有激动素作用的植物生长调节剂，在低浓度下能诱导植物愈伤组织分化出芽来。使用后可促进坐果和延缓叶片衰老。在棉花上使用后被棉株叶片吸收，可及早促使叶柄与茎之间的分离组织自然形成，而加速棉花落叶，有利于机械收棉花并可使棉花收获提前10天左右，有助于提高棉花品级。

633. 三十烷醇的特点及功效

三十烷醇可被植株茎叶吸收，具有增加植物体内多酚氧化酶活性的作用。使用后可影响植株生长、分化和发育，主要表现为促使生根、发芽、茎叶生长和早熟；增强植株光合强度，提高叶绿素含量，增加干物质的积累；促进作物吸收矿物质元素，提高蛋白质和糖分含量，改善产品品质；还可促进农作物长根、生叶和花芽分化，增加分蘖，促进早熟，保花保果，提高结实率，促进农作物吸水，减少蒸发，增加作物抗旱能力等。

634. 调环酸钙的特点及功效

调环酸钙为赤霉素生物合成抑制剂，使用后可降低赤霉素含量，具有促进植株生长发育、减轻倒伏、促进侧芽生长和发根作用。使用后可使茎叶保持浓绿，控制开花时间，提高坐果率，促进果实成熟，除此之外，调环酸钙还可增强植物抗性。

635. 烯效唑的特点及功效

烯效唑属三唑类广谱高效植物生长延缓剂，兼有杀菌、除草的作用，是赤霉素合成抑制剂。具有控制营养生长、抑制细胞伸长、缩短节间、矮化植株、促进侧芽生长和花芽形成、增加抗逆性的作用。使用后可通过植物种子、根、芽和叶吸收，并在器官间相互运转，但叶吸收向外运转较少，向顶性明显。

636. 乙烯利的特点及功效

乙烯利为促进果实成熟和植株衰老的植物生长调节剂，该物质在pH＜3.5的酸性介质中十分稳定，而pH＞4时，则分解释放出乙烯。由于一般植物细胞液的pH值多大于4，乙烯利使用后经植物的叶片、皮层、果实或种子吸收进入植物体内，然后传导到起作用部位，便释放出乙烯，具有与内源激素乙烯的相同生理功能，如促进果实成熟，叶片、果实的脱落，矮化植株，改变雌雄花的比率，诱导某些作物雄性不育等。

637. 抑芽丹的特点及功效

抑芽丹可从植物根部或叶面吸入，由木质部和韧皮部传导至植株体内，通过阻止细胞分裂，从而抑制植物生长。抑制顶端优势和植株顶部旺长，抑制腋芽、侧芽和块茎块根的芽萌发和生长。抑制效果依使用剂量和作物生长阶段不同而不同。用于马铃薯等在贮藏期防止发芽变质；用于棉花、玉米杀雄；对山桃、女贞等可起到打尖修剪作用；可抑制烟叶侧芽生长。

638. 吲哚丁酸的特点及功效

吲哚丁酸属于植物内源生长素类调节剂，可促进细胞分裂、伸长和扩大，诱导不定根形成，增加坐果率，防止落果，改变雌雄花比率等；使用后，可经植物各个组织器官吸收，但不易在植株体内传导，生产中主要采用浸液方式用于促进扦插生根或植株调节营养生长；吲哚丁酸低浓度可与赤霉素协同促进植物的生长发育；高浓度则诱导内源乙烯的生成，促进植物组织或器官的成熟和衰老。生产中在对植物插条进行处理时，应注意避免插条幼嫩叶片和心叶接触药液，否则易产生药害。

639. 芸苔素内酯的特点及功效

芸苔素内酯是一种新型绿色环保植物生长调节剂，具有促进植物生长、提高植物抗逆抗病能力、改善植物生长品质等多方面功能，被视为第六类植物生长激素。天然芸苔素内酯是芸苔素甾醇类化合物中生物活性最高的品种，其他生物活性较高且具有实用价值的芸苔素内酯类化合物还有4种，按照活性由高到低依次为28-高芸苔素内酯、28-表高芸苔素内酯、24-表芸苔素内酯和24-混表芸苔素内酯。

芸苔素内酯能够在植物生长全周期发挥作用，对植物具有促进生长、受精和果实膨大的功效，此外，还具有增产、协调植物营养平衡和强力生根的作用，可以加快植物生长代谢，提高植物抗旱、抗寒和抗盐碱等抗逆能力。实际农业生产证明芸苔素内酯适用于各种植物，对于水稻、小麦、蔬菜和各种经济作物均表现出稳定的增产效果，投入产出比高。

第九章
杀鼠剂知识

640. 杀鼠剂

用于控制有害啮齿动物的药剂。狭义的杀鼠剂仅指具有毒杀作用的化学药剂，广义的杀鼠剂还包括能熏杀害鼠的熏蒸剂，防止鼠类毁坏物品的驱鼠剂，使鼠类失去繁殖能力的不育剂，能提高其他化学药剂灭鼠效率的增效剂等。

641. 抗凝血杀鼠剂

又称慢性杀鼠剂。能抑制体内凝血酶原的合成和使毛细血管壁脆裂，导致内脏出血不凝、流血不止，而使鼠在数天后死亡的一类杀鼠剂。抗凝血杀鼠剂有两大类，即羟基香豆素类和茚满二酮类。这两类都是通过抗凝血作用而发挥毒性反应，其毒性作用速度较慢，故称缓效杀鼠剂，即要经过相当一段潜伏期后，才逐渐出现抗凝血的临床表现，故易误诊。常见的双香豆素类有：杀鼠灵、杀鼠醚、克鼠灵、氯灭鼠灵、溴鼠灵等。茚满二酮类有：敌鼠与敌鼠钠、鼠完、杀鼠酮、氯鼠酮。

642. 杀鼠剂分哪几类

杀鼠剂按其作用快慢分为急性杀鼠剂与慢性杀鼠剂两类。前者指老鼠进食毒饵后在数小时至1d内死亡的杀鼠剂；后者指老鼠进食毒饵数天后

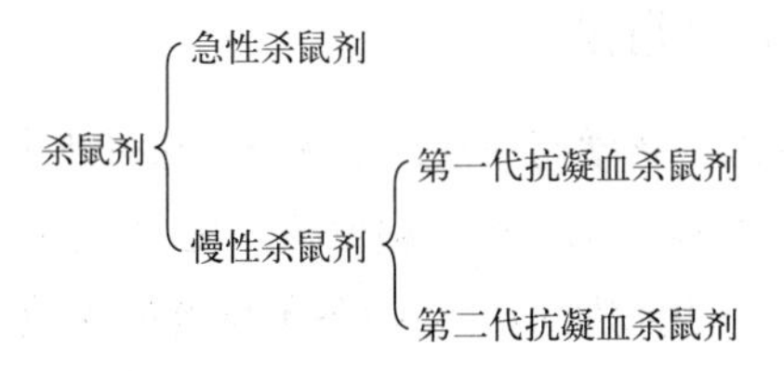

毒性才发作的杀鼠剂，如抗凝血类杀鼠剂敌鼠钠、溴敌隆。

643. 杀鼠剂按作用方式分哪几类

杀鼠剂的种类很多，可按照其作用速度、来源、作用方式、作用机制等进行分类。

（1）按杀鼠速效性分类　①速效杀鼠剂或急性（单剂量）杀鼠剂；②缓效性杀鼠剂或慢性（多剂量）杀鼠剂。

（2）按来源及结构分类　①无机杀鼠剂；②植物性杀鼠剂；③有机杀鼠剂。有机杀鼠剂又分为抗凝血性杀鼠剂、痉挛剂、取代脲类杀鼠剂、有机磷类杀鼠剂和氨基甲酸酯类杀鼠剂。

（3）按用途分类　经口毒物杀鼠剂和熏蒸毒物杀鼠剂。再具体又细分为胃毒剂、熏蒸剂、驱避剂和引诱剂、不育剂4大类。

① 胃毒性杀鼠剂　药剂通过鼠取食进入消化系统，使鼠中毒致死。这类杀鼠剂一般用量低、适口性好、杀鼠效果高，对人畜安全，是目前主要使用的杀鼠剂，主要品种有敌鼠钠、溴敌隆、杀鼠醚等。

② 熏蒸性杀鼠剂　药剂蒸发或燃烧释放有毒气体，经鼠呼吸系统进入鼠体内，使鼠中毒死亡，如氯化苦、磷化锌等。优点是不受鼠取食行动的影响，且作用快，无二次毒性；缺点是用量大，施药时防护条件及操作技术要求高，操作费工。

③ 驱鼠剂和诱鼠剂　驱鼠剂的作用是把鼠驱避，使鼠不愿意靠近施用过药剂的物品，以保护物品不被鼠咬。诱鼠剂是将鼠诱集，但不直接杀害鼠的药剂。

④ 不育剂　通过药物的作用使雌鼠或雄鼠不育，降低其出生率，以达到防除的目的，属于间接杀鼠剂量，亦称化学绝育剂。

644. 常用的灭鼠方法

分为物理器械法、化学药剂法、生物防治法以及生态灭鼠法四类。物理器械包括鼠夹、鼠笼、电子猫、粘鼠板；化学药剂法常用杀鼠剂灭鼠，毒饵灭鼠应用最广；生物防治法包括各种鼠类的天敌和鼠类的致病性微生物和寄生虫，如猫、鹰、蛇等；生态灭鼠法包括环境改变，如断绝鼠粮、建造防鼠建筑、消灭鼠类隐蔽场所等。各类方法应取长补短，综合利用。

645. 杀鼠剂的使用方法

杀鼠剂一般以毒饵、毒粉、毒水、毒糊等形式使用。毒饵由基饵、灭鼠剂和添加剂所组成。常用的添加剂有引诱剂、黏着剂、警戒色三种，有时加入防霉剂、催吐剂等。毒粉由灭鼠剂和填充料（如滑石粉和硫酸钙粉）混合均匀，制成粉末。毒水由药剂配制而成，鼠类喝毒水后中毒死亡。毒糊是将水溶性的杀鼠剂配制成毒水，再加入适量的面粉，搅拌均匀而成的。

646. 哪些杀鼠剂被禁止使用和不宜使用

（1）国家明文禁止使用的杀鼠剂有氟乙酰胺、氟乙酸钠、毒鼠强、毒鼠硅和甘氟。

（2）没有明文禁止但已停产或停用的杀鼠剂有安妥、灭鼠优和灭鼠灵。

（3）限制使用的有毒鼠磷和溴代毒鼠磷。

647. C型肉毒杀鼠素的作用特点

该毒素为一种嗜神经性麻痹毒剂，具有毒力强、适口性好、对非靶标动物毒性低、无二次中毒等特性。使用时可通过肠道进入血液循环，作用于中枢神经系统，抑制神经末梢乙酰胆碱的释放，阻碍其传递功能，导致肌肉麻痹，最终使鼠体肌肉麻痹，产生软瘫现象，最后导致窒息而亡。

648. α-氯代醇的作用特点

α-氯代醇为雄性不育剂，具有安全、环保、适口性好等特点。对家禽、家畜和鸟类等不具敏感性，对人类较安全，使用后无二次毒害。在低剂量下，可抑制雄性老鼠的繁殖能力，在高剂量时，可使害鼠由于尿闭而死亡。α-氯代醇使用时注意避免与孕妇和哺乳期妇女接触。

649. 敌鼠的作用特点

敌鼠为第一代抗凝血杀鼠剂。国内使用品种主要为敌鼠钠盐，敌鼠钠盐为第二代抗凝血茚满二酮系列杀鼠剂，具有靶谱广、适口性好、作用缓慢、高效、低毒的特点。敌鼠作用机制为抑制维生素K，在肝脏中阻碍血液中凝血酶原的合成，并能使毛细血管变脆，减弱抗张能力，增强血液渗透性，损害肝小叶。取食后的老鼠因内脏出血不止而死亡，中毒个体无剧烈不适症状，不易被同类警觉。

650. 胆钙化醇的作用特点

又称胆骨化醇，维生素D_3，是一种广泛应用于饲料、食品、医药行业的补钙剂，已被世界卫生组织（WHO）列入常用的杀鼠剂目录，为一种全新的杀鼠剂。灭鼠机理为摄取胆钙化醇毒饵后，血钙浓度快速升高引发循环系统障碍，导致心、肾器官功能衰竭而死亡。对鸟类、禽类毒性极低，不会产生死鸟现象；二次中毒风险小，对人畜、宠物中毒风险远低于现有杀鼠剂，降钙素可作为其解毒剂对症治疗；当与土壤中的微生物、阳光及热接触后自然降解，蓄积作用小，对环境友好。唯一一个被美国EPA及有机物质检查委员会批准，用于有机农业、食品加工场所的杀鼠剂，可有效防治抗性鼠，并与抗凝血剂联合使用，可缩短靶鼠死亡时间提高灭效。

651. 莪术醇的作用特点

莪术醇为植物源抗生育剂，对农林牧害鼠的生殖器官具有破坏作用，能够抑制雄性害鼠产生精细胞，破坏雌性害鼠的胎盘绒毛膜，导致溢血、流产等，从而降低妊娠率，达到控制鼠害的作用。

652. 氟鼠灵的作用特点

又称杀它仗、氟鼠酮，属第二代抗凝血型杀鼠剂，具有适口性好、毒力强、使用安全、灭鼠活性好等特点。主要抑制鼠类体内凝血酶的生成，使血液不能凝结而死，取食后鼠类会因体内出血而死亡。用于替换防治对第一代抗凝血剂产生抗性的鼠类。

653. 雷公藤甲素的作用特点

具有显著的抗生育作用，主要是损伤鼠类睾丸生精细胞，减少精子，为雄性不育杀鼠剂。适口性更强，起效快，投放更安全。对生态环境人畜等有益生物安全，有利于维护生态平衡和生物多样性。药效更持久，既有短期的灭杀作用又有抗生育作用。适用于农田、林区、草原和城乡公共卫生区域、住宅等灭鼠。

654. 杀鼠灵的作用特点

杀鼠灵属于4-羟基香豆素类的抗凝血灭鼠剂，属灭鼠药剂中的慢性药物。药剂进入鼠体后，作用于肝脏，对抗维生素K_1，可阻碍凝血酶原的生成，破坏机体正常的凝血功能；另外，可损害毛细血管，使血管变脆弱，渗透性增强，鼠类服用后因慢性出血而死亡。使用过程中，不慎中毒，可采用维生素K_1进行解毒。

655. 杀鼠醚的作用特点

杀鼠醚属香豆素类抗凝血杀鼠剂，具有慢性、广谱、高效、适口性好等特点。一般无二次中毒现象，安全性好。主要通过破坏机体凝血机能，损害微血管，引起内出血，导致死亡。鼠类服药后出现皮下、内脏出血，毛疏松，肌色苍白，动作迟钝，衰弱无力等症状，最终衰竭而死。可有效灭杀对杀鼠灵有抗性的鼠类。本品剧毒，维生素K_1是其有效解毒剂。

656. 溴敌隆的作用特点

第一代抗凝血灭鼠剂，作用缓慢、高效、靶谱广、适口性好、毒性大，该药的毒理机制主要是通过阻碍凝血酶原的合成，导致致命出血。鼠类服药后一般4～6天死亡，单剂量使用对各种鼠都能有较好防效。溴敌隆对鱼类、水生昆虫等水产生物有中等毒性，动物取食中毒死亡的老鼠后，会引起二次中毒。灭鼠过程中，中毒死鼠应收集深埋或烧掉。万一误食应及时送医院急救，维生素K_1为特效解毒剂。

657. 溴鼠灵的作用特点

又称大隆、溴鼠隆，是第二代抗凝血杀鼠剂，靶谱广、毒力强、适口性好。具有急性和慢性杀鼠剂的双重优点，既可以作为急性杀鼠剂单剂量使用防治害鼠，又可以采取小剂量多次投饵的方式达到较好消灭害鼠的目的。主要通过阻碍凝血酶原的合成，损害微血管，鼠服后大量出血而死。不会产生拒食作用，可以有效地杀死对第一代抗凝血剂产生抗药性的鼠类。中毒潜伏期一般在3～5天。猪、狗、鸟类对溴鼠灵较敏感，对其他动物比较安全。

658. 如何使用天南星灭鼠

天南星系多年生草本植物，为有毒性中草药。用块茎入药毒鼠，将猪肝或猪肉烧熟后切成小块，再拌入适量的天南星粉，然后撒在老鼠经常活动的地方。由于没有药味，褐家鼠又特别喜爱吃荤腥，所以容易致其死亡。

659. 如何使用石膏灭鼠

用石膏、面粉各100g，八角茴香少许（首先要将石膏和茴香碾成粉末），然后和面粉一起炒熟，放于鼠洞旁或其经常出没的地方。注意在放石膏食饵之前，把所有的食物藏好，不让老鼠偷吃。当老鼠饿极了就会跑来吃石膏食饵，老鼠食后，因口渴而出来寻水喝，可事先准备一盆水于投食处，任其大饮，2～3h后，就会活活胀死。

660. 如何使用水泥灭鼠

将米面、玉米面或黄豆粉等面粉炒熟，拌上适量的干水泥，放上少许香油，充分搅拌均匀后盛放在老鼠经常出没的地方。这种水泥食饵无药味，有香味，老鼠爱吃。食饵中的水泥有吸水、吸潮凝固作用。老鼠食后口渴，就会找水喝，水泥遇水即结成块，使肠胃阻塞，一两天后就会致老鼠死亡。食用了水泥食饵的老鼠在未死前，因十分痛苦，也会咬死其他老鼠。

第十章
农药与环境安全

661. 农作物药害

指因农药使用不当而引起作物表现出各种病态，包括作物体内生理变化异常、生长停滞、植株变态甚至死亡等一系列症状。一般而言，无机农药、分子质量小的、水溶性或脂溶性特强的药剂易造成药害；对剂型而言，油剂>乳油>水剂>可湿性粉剂>可溶粉剂>颗粒剂。作物的药害可分为急性药害和慢性药害两种。

662. 急性药害及症状

一般是指在施药后几小时到几天内出现的药害。其特点是发生快、症状明显、肉眼可见。药害出现的症状主要表现为:

（1）发芽率　种子处理或土壤处理后而致作物种子发芽率明显下降。

（2）根系　种子处理、土壤处理或浇灌后而致作物根系表现出短粗肥大、缺少根毛、表皮变厚发脆、不向土层深处延伸等发育不良的现象。

（3）茎部　药剂处理后茎部扭曲、变粗变脆，表皮破裂，出现疤结等。

（4）叶　是药害最易表现出症状的植物器官，症状多样。主要有叶斑、穿孔、焦灼枯萎、黄化失绿或褪绿变色、卷叶、畸形、厚叶、落叶等。

（5）花　主要表现为落花或授粉不良。花期最易遭受药害，所以一般情况下花期尽量避免施药。

（6）果实　果斑、锈果、畸形果、落果等。

（7）农艺性状　由于农药的使用而使某些蔬菜、果树、烟草、茶叶等经济作物带有异常气味，风味或色泽变劣等。急性药害严重时，整株枯死。

663. 慢性药害及症状

一般是指在施药一段时间后，逐渐表现出来的药害。其特点是发生缓慢，有的药害症状不很明显。慢性药害常表现为植物矮化、畸形、生长缓慢；花芽形成、花期、结果期、果实成熟期推迟；风味、色泽等变差，品质恶化等；结籽植物的千粒重小，产量低，甚至不开花结果等。慢性药害一旦发生，一般很难挽救。

664. 残留药害

农药使用后残留在土壤中的有机成分或其分解产物对生长植物引起的药害（对后茬作物而言），如分解缓慢的农药种类和含金属离子的农药。如某些高效、长效的除草剂对后茬种植敏感植物极易发生药害。

665. 药害与病害的区别

（1）斑点。表现在作物叶片上，有时也发生在茎秆或果实表皮上。药斑有褐斑、黄斑、枯斑、网斑等几种。药斑与生理性病害斑点的区别在于，前者在植株上的分布没有规律性，整个地块发生有轻有重；后者通常发生普遍，植株出现症状的部位比较一致。药斑与真菌性病害的区别是药害斑点大小、形状变化多而病害具有发病中心，斑点形状较一致。如农户频繁使用杀虫剂防治白粉虱时，会发生叶缘卷曲、叶面有斑点等药害情况。

（2）黄化。表现在茎叶部位，以叶片发生较多。药害引起的黄化与营养缺乏的黄化相比，前者往往由黄叶发展成枯叶，后者常与土壤肥力和施肥水平有关，全田黄化表现一致。药害引起的黄化与病毒引起的黄化相比，后者黄叶有碎绿状表现，且病株表现系统性症状，大田间病株与健株混生。

（3）畸形。表现在作物茎叶和根部，常见的畸形有卷叶、丛生、根肿、畸形穗、畸形果等。如番茄受2,4-滴丁酯药害，表现典型的空心果和畸形果。

（4）枯萎。表现为整株植物出现症状，此类药害大多由除草剂使用不当造成。药害枯萎与侵染性病害引起的枯萎症状比较，前者没有发病中心，而且发生过程较慢，先黄化，后死株，根茎中心无褐变；后者多是根茎部输导组织堵塞，先萎蔫，后失绿死株，根基部变褐色。

（5）停滞生长。表现为植株生长缓慢，如在黄瓜生长季节，过量或不严格使用矮壮素或促壮素等激素可能在育苗阶段控制了徒长，但由于剂量过大，限制了秧苗的正常生长，使其老化、生长缓慢。药害引起的生长缓慢与生理性病害的发僵比较，前者往往伴有药斑或其他药害症状，而后者则表现为根系生长差，叶色发黄。

（6）不孕。作物生殖期用药不当而引起的一种药害。药害不孕与气候因素引起的不孕二者不同，前者为全株不孕，有时虽部分结实，但混有其他药害症状；而气候引起的不孕无其症状，也极少出现全株性不孕现象。

（7）脱落。有落叶、落花、落果等症状。药害引起的脱落常有其他药害症状，如产生黄化、枯焦后再落叶；而天气或栽培因素造成的脱落常与灾害性天气如大风、暴雨、高温、缺肥、生长过旺等有直接关系。

（8）劣果。主要表现在植物的果实上，使果实体积变小、形态异常、品质变劣，影响食用和经济价值。药害劣果与病害劣果的主要区别是前者只有病状，无病征，后者有病状，多有病征。如生产中一些农户认为氯吡脲任何时期都可以使用，只要黄瓜秧雌花少，就可喷施一些氯吡脲增加雌花数量。其实不然，黄瓜的花器分化在幼苗期，在育苗阶段使用氯吡脲可以有效促进花器分化，过了分化期再用氯吡脲，其促进分化作用的效果低微而抑制生长的作用明显，使结瓜期的幼瓜生长受到抑制，长成畸形瓜。

666. 产生药害的原因

施用农药后在植物上产生药害，原因归结为药剂、植物和环境条件三种因素。

（1）药剂本身的因素　①一般水溶性强的、无机的、分子量小的、含重金属的药剂易造成药害。如叶斑、枯叶、灼伤、穿孔、厚叶、枯萎、落叶、黄化、畸形及花果药害，大部分是由砷制剂、波尔多液、石硫合剂及其他无机铜、无机硫制剂的不合理使用所致。油溶性过强的药剂也易造成叶部灼烧干枯状药害。在不同的农药剂型中，易造成药害的排列顺序为：油剂>乳油>水剂>可湿性粉剂>粉剂>颗粒剂。②农药的不合理使用。如混用不当，剂量过大，施用不均匀，间隔时间短，以及在植物敏感期使用等。③农药质量方面的问题。如药剂变质，杂质过多，添加剂、助剂的用量不准或偏小或偏大，影响了乳化性能或喷雾质量，甚至理化性状改变。

（2）植物方面的因素　不同作物耐药性不同。一般来说，禾本科、蔷薇科、芸香科、十字花科、茄科、百合科等蔬菜的耐药性较强，而葫芦科（如瓜类）、豆科、核果科等作物较易产生药害。各种花卉的开花期对农药敏感，用药要慎重。同一作物不同的发育阶段耐药性不一样。一般以芽期、幼苗期、花期、孕穗期以及嫩叶期、幼果期对药剂比较敏感并易产生药害。作物的生理状态不同，其耐药力也不同。如冬季休眠期作物耐药力强，而在夏季生长期的耐药力就大为降低，较易产生药害。有些作物对某些农药特别敏感，容易产生药害。如双子叶植物对2,4-滴敏感；白菜对波尔多液等含铜制剂敏感；豆类等对敌敌畏敏感，误用这些农药必然产生药害。黄瓜生产中常遭遇飘移性药害，药液雾滴无意中飘落在黄瓜的枝蔓、茎叶上，就会产生疑似病毒病的蕨叶，幼嫩叶片纵向扭曲畸形、脆叶。

（3）环境方面的因素　高温下作物代谢旺盛，药物的活性也强，易侵入植物组织而引起药害。光照和温度直接相关，故强光照也是造成药害的重要原因。湿度过大，某些药剂也易引起药害，如波尔多液在多雾天、露水大时施用就易导致药害。另外，沙土地、贫瘠地、有机质含量少的地块由于作物长势弱、抗逆性差而导致药害，特别是这类田块的土壤对药剂的吸附性差，施用除草剂或用杀虫、杀菌剂处理土壤时更易出现药害。

667. 如何预防药害

预防药害的产生，关键在于科学、正确掌握农药使用方法。在使用农药之前，应仔细阅读使用说明，特别是“注意事项”一栏，搞清其使用对象和防治对象、施用方法、施药量、施药时间等，再结合药剂的特性及当地的使用习惯和试验数据，搞清药剂的“安全系数”来决定最大使用剂量。

668. 如何消除药害

（1）清水冲洗。由叶面和植株喷洒某种农药后产生的药害，在发现早期，迅速用大量清水喷洒受药害的作物叶面，反复喷洒清水2～3次，尽量把植株表面上的药物洗刷掉，并增施磷钾肥，中耕松土，促进根系发育，以增强作物恢复能力。

（2）喷药中和。如药害为酸性农药造成的，可撒施一些生石灰或草木灰。药害较强的还可用1%的漂白粉液叶面喷施。对碱性农药引起的药害，可增施硫酸铵等酸性肥料。如药害造成叶片白化时，可用粒状50%腐植酸钠3000倍液进行叶面喷雾，或将50%腐植酸钠配成5000倍液进行浇灌，药后3～5d叶片会逐渐转绿。如因波尔多液中的铜离子产生的药害，可喷0.5%～1%石灰水解除。如受石硫合剂的药害，在水洗的基础上喷400～500倍的米醋液，可减轻药害。因多效唑抑制过重，可适当喷施0.005%“九二零”溶液缓解。一般采用下列农药可消除和缓解其他农药药害：抗病威或病毒K、天然芸苔素、蔬菜灵和植物多效生长素等。

（3）迅速追施速效肥。作物发生药害后生长受阻，长势弱，及时补氮、磷、钾或有机肥，可促使受害植株恢复。无论何种药害，叶面喷施0.1%～0.3%磷酸二氢钾溶液，或用0.3%尿素液加0.2%磷酸二氢钾液混喷，每隔5～7d 1次，连喷2～3次，均可显著降低药害造成的损失。

（4）加强栽培与管理。一是适量除去受害已枯死的枝叶，防止枯死部分蔓延或受到感染；二是中耕松土，深度10～15cm，改善土壤的通透性，促进根系发育，增强根系吸收水肥的能力；三是做好病虫害防治。

（5）耕翻补种。若是药害严重，植株大都枯死，待药性降解后，犁翻土地重新再种。若是局部发生药害，先放水冲洗，局部耕耘补苗，并施速效氮肥。中毒严重田块，先曝晒，再洗药，后耕翻，待土壤残留农药无影响时，再种其他作物。

669. 植物生长调节剂产生药害的原因

若蘸花果实附近叶片出现卷叶、变硬、黑绿，可能是由蘸花药剂浓度过大或蘸花药液过多造成；若生长点叶片卷曲、皱缩畸形且生长缓慢，则可能是由于植物生长调节剂积累中毒引起。在天气情况较好的情况下，虽然植物生长调节剂中毒已经存在，但是正常的植株长势掩盖了植物生长调节剂中毒的现象，所以在晴天的时候症状不易被察觉或症状轻微，但是遇到连续的阴雨天气后，植株不能进行正常的光合作用时，根系吸收就会出现问题，因此此时植株中毒症状就会显现。

670. 植物生长调节剂的药害症状

（1）多效唑的药害症状。出现植株矮小，块根块茎小，畸形，叶片卷曲，哑花，基部老叶提前脱落，幼叶扭曲，皱缩等现象。对于棉花则出现植株严重矮化，果枝不能伸展，叶片畸形，赘芽丛生，落蕾落铃。花生则出现叶片小，植株不生长，花生果小，早衰。由于多效唑药效时间较长，对下茬作物也会产生药害，导致不出苗、晚出苗，出苗率低，幼苗畸形等药害症状。

（2）缩节胺的药害症状。叶片变小变厚，节间密集，赘芽丛生，植株生长不均匀，造成蕾铃大量脱落，出现棉花后期贪青、晚熟。缩节胺在禾本类植物上出现要害较少，用量范围较宽。缩节胺药害一般不会对下茬作物产生药害。

（3）矮壮素的药害症状。植株严重矮化，果枝不能伸展，叶片畸形，出现鸡爪叶，赘芽丛生，果枝节间过短，植株枝叶发脆，容易折断。浸种药害，根部弯曲，幼叶严重不长，出苗后植株扭曲畸形。矮壮素对双子叶植物易产生要害，对单子叶植物不易产生要害。矮壮素药害一般不影响下茬作物。

（4）乙烯利的药害症状。较轻药害表现为植株顶部出现萎蔫，植株下部叶片及花、幼果逐渐变黄、脱落，残果提前成熟。较重药害为整株叶片迅速变黄、脱落，果实迅速成熟脱落，整株死亡。乙烯利用量过大或使用时间不当均可产生药害。乙烯利药害不对下茬作物产生影响。

（5）α-萘乙酸的药害症状。轻度萘乙酸的药害表现为花和幼果脱叶，对植株生长影响较小。较重药害为叶片萎缩，叶柄翻转，叶片脱落，成果迅速成熟脱落。对于浸种药害，轻则导致根少，根部畸形，重则不生根，不出苗。α-萘乙酸药害部分会对下茬作物产生药害作用，大多数不对下茬作物产生危害。

（6）2,4-滴的药害症状。轻度药害症状为叶柄变软弯曲，叶片下垂，顶部心叶出现翻卷，叶片畸形，果实畸形，成果形成空心果、裂果等。重度药害为植株大部分叶片下垂，心叶翻卷严重，出现畸形并收缩，植株生长点萎缩坏死，整株逐渐萎蔫衰死。因此2,4-滴使用不当时，会如除草剂一样杀死植株，对双子叶植物药害较重，对单子叶植物药害较轻。

（7）三十烷醇的药害症状。三十烷醇使用量较大或纯度不高时，会导致苗期鞘弯曲，根部畸形，成株则导致幼嫩叶片卷曲。

（8）芸苔素内酯药害症状。植株疯长，果实少而小，后期形成僵果。

（9）赤霉素药害表现症状。果实僵硬、开裂，成果味涩，植株贪青晚熟。

（10）复硝酚钠的药害症状。轻度药害症状为抑制植株生长，幼果发育不良；重度药害为植株萎蔫，发黄直至死亡。复硝酚钠药害较少发生，主要发生在桃树、西瓜等敏感作物上，导致作物落花、落果、空心果等现象。

（11）胺鲜脂的药害症状。叶片有斑点，然后逐渐扩大，由浅黄色逐渐变为深褐色，最后透明。

671. 植物生长调节剂药害的急救措施

一般药害不太严重时，喷水浇水后就会缓解药害。一般在药害不至于杀死整株时，用0.3%尿素加0.2%的磷酸二氢钾配合喷水浇水，每15 ～ 17天1次，连续2 ～ 3次药害基本会解除。

出现植物生长调节剂中毒症状后可采用相应的药剂防治：叶面喷施钙

肥750倍液+细胞分裂素1000倍液+大量元素水溶肥1000倍液，7天1次，连喷2次；或每亩冲施含腐植酸类的肥料20kg+钙肥10kg，7～10天1次，连冲2次。

此外，还可有针对性地解除药害，如生长延缓剂是通过抑制植株的赤霉素合成达到控制植物旺长目的的，在生长延缓剂产生药害时，用赤霉素解除药害就是一个很好的方法。如矮壮素药害、多效唑药害等均可用30～50mL/kg的赤霉素进行解毒，每7天1次，连续施用3次基本上就会达到解除药害的效果。

672. 农药的安全间隔期

指最后一次施药至放牧、收获（采收）、使用、消耗作物前的时期，自喷药后到残留量降到最大允许残留量所需间隔时间。在果园中用药，最后一次喷药与收获之间必须大于安全间隔期，以防人畜中毒。

673. 农药残留

是农药使用后一个时期内没有被分解而残留于生物体、收获物、土壤、水体、大气中的微量农药原体、有毒代谢物、降解物和杂质的总称。

674. 农药的残留毒性

农药由于理化性质的特点，施入环境中不会很快降解消失，而会持留于环境中较长时间。随着农药种类不断增多，人们发现或因它的结构特点（如含芳香环类）难于降解，或因它的行为特点（如内吸性、轭合和结合性）消失缓慢，因而出现了一些持留性强的农药品种。虽然它们残留在环境中的量不可能很大，可是通过植物吸收后在生物体内的积累或经过食物链的生物富集，会达到造成人畜慢性毒害的亚致死剂量，引起有机体内脏机能受损或阻碍正常的生理代谢过程。

675. 农药环境毒理学

研究农药进入田间后的环境行为与对非靶标生物的环境毒性。通过对农药环境毒理学的研究，了解农药产生不良负效应的成因，进而提出控制农药副作用的措施，达到安全使用的目的。

676. 农药生态毒理学

当农药进入某一生态系统后，通过生态系统的有关机能（例如能量流、物质代谢与生物化学循环等）必然会扩散、影响到其他生态体，这样，对农药安全性的正确评估，必须从生态角度来考虑。生态毒理学是生态学与毒理学相互渗透的边缘科学。

677. 农药的环境行为

农药进入环境后，在环境中有着复杂的迁移转化过程，包括挥发、沉积、吸附、迁移、分解等，这些特性称为农药的环境行为。

678. 农药生物富集

指生物体从环境中不断吸收低浓度的农药，并逐渐在其体内积累的过程。一般生物富集主要通过3种途径：①藻类植物、原生动物和多种微生物等直接吸收；②高等植物的根系吸收；③大多数动物的进食吸收。

679. 食物链转移

指动物体吞食有残留农药的作物或生物后，农药在生物体间转移的现象。食物往往是造成生物体富集的一种因素。生物富集与食物链是促使食品含有残留农药的一个很重要原因。

680. 农药降解

指化学农药在环境中从复杂结构分解为简单结构，甚至会降低或失去毒性的作用。包括农药的光解、水解和微生物分解。

681. 农药怎样污染环境

主要污染大气、水系和土壤。大气污染是由于喷洒农药防治作物、森林和卫生害虫时，药剂的微粒在空中飘浮所致。水质污染是农田用药时散落在田地里的农药随灌溉水或雨水冲刷流入江河湖泊，最后归入大海，以及工厂排出废液，经常在湖、河中洗涤施药工具和容器等造成了水污染。耕地土壤受农药的污染程度与栽培技术和种植作物种类有关。栽培水平高的耕地与复种指数高的土地，农药残留量相应也较大。果树一般施药水平高，因而在果园土壤中农药的污染程度较严重。

682. 农药对有害生物群落的影响

农田使用农药后，对生物体产生不同程度的影响，主要表现为害虫种群的再猖獗和次要害虫种群的上升；杂草种群的复杂化等。

683. 害虫再猖獗

害虫再猖獗是指使用某些农药后，害虫密度在短时期有所降低，但很快出现比未施药的对照区增大的现象。害虫再猖獗的原因是复杂的，概括起来有：①天敌区系的破坏；②杀虫剂残留或者是代谢物对害虫的繁殖有直接刺激作用；③化学药剂改变了寄主植物的营养成分；④或是上述因素综合作用的结果。

684. 次要害虫如何上升

次要害虫的上升是指施用某些农药后，农田生物群落中原来占次要地位的害虫，由原来的少数上升为多数，变为为害严重的害虫。

685. 农药对陆生有益生物的影响

包括对寄生性天敌昆虫，对捕食性天敌昆虫，对蜘蛛和捕食性螨，对蜜蜂和家蚕的影响。

686. 防止蜜蜂农药中毒的措施

选择合适的施药时间，尽可能在花期后喷药，或在放蜂前、收蜂后施药，最好选择在早上7点以前或下午5时以后施药。尽可能选用对蜜蜂毒性小或无毒，而又能达到施药目的的药剂。尽量避免采取喷粉的方式。

687. 防止家蚕农药中毒的措施

在桑园内或附近禁止喷施沙蚕毒素类、拟除虫菊酯类杀虫剂。在桑园防治病虫害时，应选用速效、持效期短、对家蚕安全的药剂，浓度配制准确，选择无风和喷药后不会降雨的天气施药，以防药液飘移和流失。

688. 防止农药对水生生物中毒的措施

（1）污染水质的农药不能在禁止使用的地带施用。

（2）施用对鱼类高毒的农药时，不要使药液飘移或流入鱼塘。对养鱼的稻田施药时，必须慎重选用对鱼、贝类安全的药剂。

（3）施药后剩余的药液及空药瓶或空药袋不得直接倒入或丢入渠道、池塘、河流、湖泊内，必须埋入地下。施药器具、容器不要在上述水域内洗刷，所洗刷的药水不得倒入或让其流入水体中。

（4）在养鱼稻田中施药防治病虫害时，应预先加灌4 ～ 6cm深的水层，药液尽量喷洒在稻茎、叶上，减少落到稻田水体中。

689. 农药对蛙类等生物的影响

青蛙是大家所熟知的害虫天敌，农民誉之为“庄稼卫士”。农田是青蛙生长、繁殖和活动的主要场所，因此农田施药必须注意对青蛙的保护。青蛙的个体发育阶段不同，对农药的敏感性不同。蝌蚪对药剂最敏感，幼蛙次之，成蛙耐药力较强。化学防治时保护蝌蚪免受伤害，是保护青蛙的中心环节之一。

690. 清除蔬菜瓜果上残留农药的简易方法

浸泡水洗法：污染蔬菜的农药品种主要为有机磷类杀虫剂。有机磷杀虫剂难溶于水，此种方法仅能除去部分污染的农药。但水洗是清除蔬菜瓜果上其他污物和去除残留农药的基本方法，主要用于叶类蔬菜，如菠菜、金针菜、韭菜、生菜、小白菜等。一般先用水冲洗掉表面污物，然后用清水浸泡，浸泡不少于10min。果蔬清洗剂可促进农药的溶出，所以浸泡时可加入少量果蔬清洗剂。浸泡后要用清水冲洗2～3遍。

碱水浸泡法：有机磷杀虫剂在碱性环境下分解迅速，所以此方法是去除农药污染的有效措施，用于各类蔬菜瓜果。方法是先将表面污物冲洗干净，浸泡到碱水（一般500mL水中加入碱面5～10g）中5～15min，然后用清水冲洗3～5遍。

储存法：农药在环境中可随时间的推移而缓慢地分解为对人体无害的物质。所以对易于保存的瓜果蔬菜可通过一定时间的存放来减少农药残留。此法适用于苹果、猕猴桃、冬瓜等不易腐烂的种类，一般存放15天以上。注意，不要立即食用新采摘的未削皮、未清洗的水果。

加热法：随着温度升高，氨基甲酸酯类杀虫剂分解加快，所以对一些其他方法难以处理的蔬菜瓜果可通过加热去除部分农药。常用于芹菜、菠菜、小白菜、圆白菜、青椒、菜花、豆角等。方法是先用清水将表面污物洗净，放入沸水中2～5min捞出，然后用清水冲洗1～2遍。

第十一章
农药中毒急救知识

691. 农药的毒性

根据农药中毒后引起的人体受损害程度不同，分为轻度中毒、中度中毒和重度中毒。根据农药进入人体的途径又分为：经鼻口进入呼吸系统中毒，简称呼吸中毒；经口进入消化系统中毒，简称经口中毒；经皮肤渗入体内中毒，简称经皮中毒。经皮中毒是农田农药急性中毒的主要途径。一般呼吸中毒症状来得最快，急骤而严重；经口中毒症状相对来得较慢；经皮中毒症状来得最慢，比较平稳缓和。但是，农药一旦进入人体，在组织和脏器间渗透扩散，会造成全身反应，其中毒造成的危害程度，主要取决于进入体内农药的剂量。根据农药中毒快慢不同，可分为急性中毒、亚急性中毒和慢性中毒。

692. 经皮毒性

农药进入人体绝大部分是通过皮肤渗透，称为经皮毒性。农药一般是在搬运、分装、配药、施用时，由于各种原因接触到人体表皮后渗入体内的。农药中以乳油、油剂及其高浓度稀释物最易侵入人体，而可湿性粉剂、粉剂或颗粒剂中的有效成分则较难通过皮肤被大量吸收。人体有黏膜部分及眼睛容易吸收药剂并渗入体内，而手掌部分相对吸收较慢。皮肤接触药剂的面积越大，时间越长，则吸收越多。

693. 经口毒性

农药通过口部进入消化道，称为经口毒性。农药经口毒性常比经皮毒性大5～10倍。除误食外，在施药中打闹、说笑、抽烟、喝水等；喷雾器喷头堵塞时用嘴吹；误食近期施过药或残留量高的农产品；误用农药容器装食品；取食中毒而死的动物或饮食被农药污染的水、食品或处理过的种子等，都可引起经口毒性。

694. 呼吸毒性

农药以熏蒸或者挥发的形式，或以喷粉、施烟及弥雾等形式通过呼吸道进入人体致毒，引起呼吸毒性。引起呼吸毒性的可能性很大。粒径小于10μm的药剂雾粒蒸气或烟雾微粒能够到达肺部而损害肺组织；粒径50～100μm也可能被吸入并影响上呼吸道。在密闭或相对密闭的空间或在农药蒸气、微粒浓度较高的环境中进行农药施用操作，是大量吸入农药的主要原因。

695. 急性毒性

指人体一次吸收农药的量较大，在短时间（数分钟或数小时）出现急性病理反应而表现出中毒症状（如恶心、头疼、出汗、呕吐、腹泻、抽搐、呼吸困难、昏迷等）。衡量或表示农药急性毒性程度时常用LD_{50}值作为指标，供试动物常用大白鼠或小白鼠。对使用者来说，经皮毒性更重要，因此，一般连续进行农药操作的时间不宜过长，老、幼、病人以及在经期、孕期、哺乳期的妇女不能进行农药操作。另外，气温高时，经皮肤或呼吸道中毒的危险性增大，故应加倍小心和注意防护。

696. 亚急性毒性

亚急性毒性的中毒症状往往需要一个过程，最后表现与急性中毒类似，也可引起局部病理变化，受害者多有长期连续接触一定剂量农药的过程。

697. 慢性毒性

指在长期摄入低微剂量的药剂后逐渐引起内脏机能受损，阻碍正常生理代谢过程而表现出慢性病理反应的中毒症状。有些农药慢性中毒还可引起“三致”（致癌、致畸、致突变）及神经系统中毒等，后果相当严重。

698. 农药“三致”

致畸作用指由于外源化学物的干扰，胎儿出生时，某种器官表现形态结构异常。

致癌作用指化学物质引起正常细胞发生恶性转化并发展成肿瘤的过程。

致突变作用指引起生物遗传物质性状的改变，即细胞染色体上基因发生变化。

699. 毒性分级及标志

我国把农药的毒性分为剧毒、高毒、中等毒、低毒、微毒五个等级。毒性越高，越容易引起中毒事故。在农药标签上，分别用下列标志表示，见表11-1。

表 11-1　我国农药的毒性分级及标志

毒性	半数致死量（LD_{50}）/（mg/kg）	标志
剧毒	1 ～ 5	
高毒	5 ～ 50	
中等毒	50 ～ 500	
低毒	500 ～ 5000	低毒
微毒	>5000	

700. 半数致死量

指农药引起一半受试对象出现死亡所需要的剂量。LD_{50}是评价农药急性毒性大小最重要的参数，也是对不同农药进行急性毒性分级的基础标准。农药的急性毒性越大，其LD_{50}的数值越小。LD_{50}的表示单位是mg/kg。

701. 最大残留限量

指在生产或保护商品过程中，按照良好农业规范（GAP）使用农药后，允许农药在各种食品和动物饲料中或其表面残留的最大浓度。最大残留限量限制标准是根据良好的农药使用方式和在毒理学上认为可以接受的食品农药残留量制定的。

702. 每日允许摄入量

每日允许摄入量（ADI）是用来评价农药对人的慢性毒性的。ADI表示正常人每天从膳食中摄入一定数量的农药或其他受试物质，对人体的健康和下一代不发生各种明显的、值得重视的毒害作用，此剂量称为每日允许摄入量。

703. 如何区别农药毒性、药效和毒力

（1）农药的毒性指农药对人、畜等产生毒害的性能；农药的药效指药剂施用后对控制目标（有害生物）的作用效果，是衡量效力大小的指标之一；农药的毒力指农药对有害生物毒杀作用的大小，是衡量药剂对有害生物作用大小的指标之一。

（2）农药的毒性与毒力有时是一致的，即毒性大的农药品种对有害生物的毒杀作用强，但也有不一致的，比如高效低毒农药。

（3）农药的毒力是药剂本身的性质决定的；农药的药效除取决于农药本身性质外，还取决于农药制剂加工的质量、施药技术的高低、环境条件是否有利于药剂毒力的发挥等。毒力强的药剂，药效一般也高。

（4）毒性是利用试验动物（鼠、狗、兔等）进行室内试验确定的；药效是在接近实际应用的条件下，通过田间试验确定的；毒力则是在室内控制条件下通过精确实验测定出来的。

704. 农药毒性的共性表现

（1）局部刺激症状。接触部位皮肤充血、水肿，出现皮疹、瘙痒、水泡，甚至灼伤、溃疡。以有机氯、有机磷、氨基甲酸酯、有机硫、除草醚等农药作用最强。

（2）神经系统表现。损害神经系统的代谢及相关功能，甚至损伤结构，引起明显神经症状。常见有中毒性脑病、脑水肿、周围神经病而引起烦躁、意识障碍、抽搐、昏迷、肌肉震颤、感觉障碍或感觉异常等。

（3）心脏毒性表现。对神经系统的毒性作用大，多是心功能损伤的病理生理基础，有些还对心肌有直接损伤作用。如有机氯、有机磷等农药中毒，常导致心电图异常、心源性休克甚至猝死。

（4）消化系统症状。多数农药口服可引起化学性胃肠炎，出现恶心、呕吐、腹痛、腹泻等症状，如有机磷、环氧丙烷等农药可引起腐蚀性胃肠炎，并有呕血、便血等表现。

705. 农药毒性的独特表现

（1）血液系统毒性表现。如杀虫脒、除草醚等可引起高铁蛋白血症，甚至导致溶血；茚满二酮类及羟基香豆素类杀鼠剂则可损伤体内凝血机制，引起全身出血。

（2）肝脏毒性表现。如有机磷、有机氯、氨基甲酸酯、杀虫双等农药，可引起肝功能异常及肝脏肿大。

（3）肺脏刺激损伤表现。如五氯酚钠、氯化苦、福美锌、杀虫双、有机磷、氨基甲酸酯等，可引起化学性肺炎、肺水肿。

（4）肾脏毒性表现。引起血管内溶血的农药，除因生成大量游离血红蛋白致急性肾小管堵塞、坏死外，有的如有机硫、有机磷、有机氯、杀虫双、五氯苯酚等还对肾小管有直接毒性，可引起肾小管急性坏死，严重者可致急性肾功能衰竭等。

（5）其他表现。有些农药可引起高热。如有机氯类农药，可因损伤神经系统而致中枢性高热；五氯酚钠、二硝基苯酚等则因致体内氧化磷酸化解偶联，使氧化过程产生的能量无法以高能磷酸键形式储存而转化为热能释出，导致机体发生高热、大汗、昏迷、惊厥。

706. 农药进入人体的途径

一般农药主要通过皮肤、呼吸道或口腔进入人体。

707. 农药中毒症状

农药中毒的症状表现为三大类：一是出现毒蕈碱样症状，主要表现为食欲减退、恶心、呕吐、腹痛、流涎、多汗、视物模糊、瞳孔缩小、呼吸道分泌物增多等，严重时还会出现肺水肿；二是出现烟碱样症状，表现为肌束震颤、言语不清、心跳增快、血压升高，甚至呼吸麻痹等；三是中枢神经系统症状，如头晕、头痛、乏力、烦躁不安、昏迷、抽搐等，严重时会危及生命。

708. 农药中毒急救的基本步骤及措施

农药中毒的急救包括现场急救和医院抢救两个部分。现场急救包括去除农药污染源，防止农药继续进入患者身体。现场急救是整个抢救工作的关键，为进一步治疗赢得时间。现场情况较复杂，应根据农药的中毒方式采取不同的急救措施。

① 经皮引起的中毒者。立即脱去被污染的衣裤，迅速用清水冲洗干净，或用肥皂水（碱水也可）冲洗。如是敌百虫中毒，则只能用清水冲洗，不能用碱水或肥皂（因敌百虫遇碱性物质会变成更毒的敌敌畏）。若眼内溅入农药，立即用淡盐水连续冲洗干净，然后有条件的话，可滴入2%可的松和0.25%氯霉素眼药水，严重疼痛者，可滴入1%～2%普鲁卡因溶液。

② 吸入引起的中毒者。吸入中毒应立即将中毒者带离现场，于空气新鲜的地方，解开中毒者衣领、腰带，去除假牙及口、鼻内可能有的分泌物，使中毒者仰卧并头部后仰，保持呼吸畅通，注意身体的保暖。

③ 经口引起的中毒者。经口引起的中毒，应尽早采取引吐洗胃、导

泻或对症使用解毒剂等措施。一般条件下，只能对神志清醒的中毒者采取引吐的措施来排出毒物（昏迷者待其苏醒后进行引吐）。引吐的简便方法是给中毒者喝200～300mL水（浓盐水或肥皂水），然后用干净的手指或筷子等刺激咽喉部位引起呕吐，并保留一定量的呕吐物，以便化验检查。

医院抢救：在现场急救的基础上，应立即将中毒者送医院抢救治疗。

① 清洗体表。除用清水外，可在需要时酌情用一些中和剂冲洗，如5%碳酸氢钠、3‰氢氧化钙溶液等碱性溶液，又如3%硼酸、2%～5%乙酸溶液等酸性溶液。使用中和剂后，再用清水或生理盐水洗去中和液。

② 催吐。催吐是对经口中毒者排毒很重要的方法，其效果常胜于洗胃。已现场引吐者入院后可再次催吐，除了现场引吐方法，还可选用1%硫酸铜液每五分钟一匙，连用三次；或用中药胆矾3g、瓜蒂3g研成细末一次冲服；或口服吐根糖浆10～30mL，然后再喂100mL水催吐。

③ 洗胃。催吐后应尽快彻底洗胃。洗胃前要去除分泌物、假牙等异物，根据不同农药选择不同洗胃液。每次灌注洗胃液500mL左右，不宜过多，以免引起胃扩张。每次灌入量尽量排空，反复灌洗直至无药味为止。

④ 导泻。导泻的目的是排出已进入肠道内的毒物，阻止肠道吸收。由于很多农药以苯作溶剂，故不能用油类泻药，可用硫酸钠或硫酸镁30g加水200mL一次服用，并多饮水加快排泄。但对有机磷农药严重中毒者，呼吸受到抑制时不能用硫酸镁导泻，以免由于镁离子大量吸收加重呼吸抑制。

709. 有机磷的中毒与急救

有机磷农药杀虫效力高，对人畜的毒性大。目前绝大多数农药中毒是有机磷农药所引起的。有机磷农药一般通过呼吸道、消化道及皮肤三种途径引起中毒。有机磷农药进入人体后通过血液、淋巴很快运送至全身各个器官，以肝脏含量最多，肾、肺、骨次之，肌肉及脑组织中含量少，其毒理作用是抑制人体内胆碱酯酶的活性，使胆碱酶失去分解乙酰胆碱的能力，从而使乙酰胆碱在体内积累过多。中毒原因主要是中枢性呼吸衰竭，呼吸肌麻痹而窒息；支气管痉挛、支气管腔内积储黏液、肺水肿等加重呼吸衰竭，促进死亡。

（1）中毒症状　根据病情可分为轻、中、重三类。①轻度中毒症状。头痛、头昏、恶心、呕吐、多汗、无力、胸闷、视力模糊、胃口不佳等。②中度中毒症状。除上述轻度中毒症状外，还出现轻度呼吸困难、肌肉震颤、瞳孔缩小、精神恍惚、步态不稳、大汗、流涎、腹疼腹泻等。③重度中毒症状。除上述轻度和中度中毒症状外，还出现昏迷、抽搐、呼吸困难、口吐白沫、肺水肿、瞳孔缩小、大小便失禁、惊厥、呼吸麻痹等。早期或轻度中毒常被人忽视，并且其症状与感冒、中暑、肠炎等病相似，应引起足够的重视。有机磷农药引起的中毒症状可因品种不同而不同。乐果中毒症状的潜伏期较长，症状迁移时间也较长，还具多变的趋势，好转后也会出现反复，会突然再出现症状，易造成死亡。马拉硫磷误服中毒后病情严重，病程长，晚期也会有反复。敌敌畏口服中毒，很快出现昏迷，易发生呼吸麻痹、肺水肿和脑水肿；经皮中毒者出现头痛、头昏、腹痛、多汗、瞳孔缩小、面色苍白等，皮肤出现水疱和烧伤等症状。内吸磷经皮中毒，若头痛加剧表明中毒严重，中毒后对心肌损害明显，引起心肌收缩无力、低血压等循环衰竭。

（2）急救　将中毒者带离现场，到空气新鲜地方，清除毒物，脱掉污染的衣裤，立即冲洗皮肤或眼睛。对经口中毒者应立即采取引吐、洗胃、导泻等急救措施。

（3）治疗　常用的有机磷解毒剂有抗胆碱剂和胆碱酯酶复能剂。①抗胆碱剂。阿托品是目前抢救有机磷农药中毒最有效的解毒剂之一，但对晚期呼吸麻痹无效。采用阿托品治疗必须早、足、快、复。对轻度中毒，用阿托品1～2mg皮下注射，每4～6h肌注或口服阿托品0.4～0.6mg，直到症状消失。对中度中毒，用阿托品2～4mg静脉注射，以后每15～30min重复注射1～2mg，达到阿托品化后改用维持量，每4～6h皮下注射0.5mg。对经口中毒者，开始用阿托品2～4mg静脉注射，以后每15～30min重复注射，达到阿托品化后每2～4h静脉注射0.5～1mg

阿托品直到症状消失。对于重度中毒，经皮肤或呼吸道引起中毒者，开始用阿托品3～5mg静脉注射，以后每10～30min重复注射。对经消化道中毒者，开始用阿托品5～10mg静脉注射，以后每10～30min重复注射，达阿托品化后每1～2h静脉注射阿托品0.5～2mg直到中毒症状消失。阿托品化的指标：瞳孔较前散大，心率增快至120次以上，嘴干燥，面色潮红，唾液分泌减少，肺部湿啰音减少消失，意识障碍减轻，昏迷者开始恢复，腹部膨胀，肠蠕动音减弱，膀胱有尿潴留等。以上指标必须综合判断，不能只见某一指标达到即停药，要根据具体情况用小剂量维持，以避免病情反复。注意事项：一是在诊断不明时不能盲目使用大剂量阿托品，以免造成阿托品中毒。二是严重缺氧者应立即给氧，保持呼吸畅通。同时以阿托品治疗。三是伴有体温升高者，采用物理降温后再用阿托品。阿托品与胆碱酯酶复能剂合用时应减少阿托品用量。②胆碱酯酶复能剂。常用的有解磷定、氯磷定、双复磷。解磷定：轻度中毒者用0.4～0.8g解磷定，再用葡萄糖或生理盐水10～20mL稀释后作静脉注射，每2h重复一次。中度中毒者用0.8～1.2g作静脉缓慢注射，以后每小时用0.4～0.8g静脉注射共3～4次。重度中毒者用1.2g作静脉注射，半小时重复一次，以后每小时用0.4g静脉注射或点滴。氯磷定：轻度中毒者用0.25～0.5g肌内注射，必要时2～4h后重复一次。中度中毒者用0.5～0.75g肌内或静脉注射，1～2h后再重复一次，以后每2～4h注射0.5g至病情好转后减量或停药。重度中毒者用0.75～1.0g肌内或静脉注射，半小时仍不见效可重复一次，以后每2h肌内或静脉注射0.5g，病情好转后，酌情减量或停药。双复磷：轻度中毒者用0.125～0.25g肌内注射，必要时2～3h重复一次。中度中毒者0.5g肌内或静脉注射，2～3h重复注射，视病情好转减药或停药。重度中毒者用0.5～0.75g静脉注射，半小时后不见效，可再注射0.5g，以后每2～3h重复注射0.25g直至病情好转。注意事项：一是应在中毒后24h内用足量，并要维持48h。二是胆碱酯酶复能剂治疗内吸磷、甲拌磷的中毒疗效显著，但对敌敌畏、敌百虫农药中毒疗效差。三是治疗过程中要严格掌握用量，用药过量会产生药物中毒。四是复能剂对肾功能有一定损害，对患有肾病者应慎用。五是不能将阿托品或解磷定作为预防性药物给接触有机磷农药的人，否则会掩盖中毒的早期症状和体征，延误治疗时机。

710. 氨基甲酸酯的中毒与急救

氨基甲酸酯类农药可通过呼吸道、消化道、皮肤引起中毒。这类农药也是一种胆碱酯酶抑制剂，但它又不同于有机磷制剂，它是整个分子和胆碱酯酶相结合，所以水解度愈大毒性愈小。它与胆碱酯酶仅形成一种络合物，这种络合物在体内极易水解，胆碱酯酶可迅速恢复活力，它与胆碱酯酶的结合是可逆的，抑制后的胆碱酯酶能快速恢复，所以一般不会引起严重中毒。由于氨基甲酰化胆碱酯酶不稳定，使得氨基甲酸酯类农药中毒症状出现快，一般几分钟至1h即表现出来，这也使得中毒剂量和致死剂量差距较大。氨基甲酸酯类农药中毒死亡病例的死因多是呼吸障碍和肺水肿。

（1）中毒症状　头昏、头痛、乏力、面色苍白、恶心呕吐、多汗、流涎、瞳孔缩小、视力模糊。严重者出现血压下降、意识模糊不清，皮肤出现接触皮炎如风疹而局部红肿奇痒，眼结膜充血，流泪，胸闷，呼吸困难等。但此类农药在体内代谢快，排泄快，轻度中毒者一般在12～24h可完全恢复，快的在1～2h就能恢复。

（2）急救　立即脱离现场，到空气新鲜地方，脱掉衣裤，用肥皂水彻底冲洗。经口中毒者立即引吐洗胃等。注意清除呼吸道中污物，对呼吸困难者要采取人工呼吸。输液可加速毒物排出，但要防止肺水肿发生。

（3）治疗　以阿托品疗效最佳，用0.5～2mg口服或静脉或肌内注射，每15min重复一次至阿托品化，维持阿托品化直至中毒症状消失。不能采用复能剂。出现肺水肿以阿托品治疗为主，病情重者加用肾上腺素。失水过多要输液治疗。呼吸道出现病变者应注意保持畅通，维持呼吸功能。需要特别注意的是：解磷定对缓解氨基甲酸酯类农药中毒症状不但无益，反而有副作用，因而，此类农药中毒切不可用解磷定。

711. 拟除虫菊酯的中毒与急救

拟除虫菊酯类农药是一种神经毒剂，作用于神经膜，可改变神经膜的通透性，干扰神经传导而产生中毒。但是这类农药在哺乳类肝脏酶的作用下能水解和氧化，且大部分代谢物可迅速排出体外。

（1）中毒症状　①经口中毒症状。经口引起中毒的轻度症状为头痛、头昏、恶心呕吐、上腹部有灼痛感、乏力、食欲不振、胸闷、流涎等。中度中毒症状除上述症状外还出现意识模糊，口、鼻、气管分泌物增多，双手颤抖，肌肉跳动，心律不齐，呼吸感到有些困难。重度症状为呼吸困难，肺内水泡音，四肢阵发性抽搐或惊厥，意识丧失，严重者深度昏迷或休克，危重时会出现反复强直性抽搐引起喉部痉挛而窒息死亡。②经皮中毒症状。皮肤发红、发辣、发痒、发麻，严重的出现红疹、水疱、糜烂。眼睛受农药侵入后表现结膜充血，疼痛、怕光、流泪、眼睑红肿。

（2）急救　对经口中毒者应立即催吐，洗胃。对经皮肤中毒者应立即用肥皂水、清水冲洗皮肤，皮炎可用炉甘石洗剂或2%～3%硼酸水湿敷；眼睛沾染农药用大量清水或生理盐水冲洗，口服马来酸氯苯那敏、苯海拉明等。

（3）治疗　无特效解毒药，只能对症下药治疗。①对躁动不安、抽搐、惊厥者，可用安定10～20mg肌注或静注；或用镇静剂苯巴比妥钠0.1～0.2g肌注；必要时4～6h重复使用一次。②对流口水多者可用阿托品抑制唾液分泌。③对呼吸困难者，应给予吸氧，还应注意保持呼吸道畅通。④对脑水肿者可用20%甘露醇或25%山梨醇250mL静滴或静注；或用地塞米松10～20mL或氢化可的松200mg加入10%葡萄糖溶液100～200mL静滴。

712. 抗凝血杀鼠剂的中毒与急救

抗凝血杀鼠剂的毒作用是竞争性抑制维生素K，从而影响凝血酶原及部分凝血因子的合成，导致凝血时间和凝血酶原时间延长。同时，其代谢产物亚苄基丙酮，可引起毛细血管损害，导致临床上出血症状。

（1）临床表现　潜伏期一般较长，大多数1～3d后才出现出血症状。误食抗凝血杀鼠剂后即可出现恶心、呕吐、食欲缺乏等症状。出血症状：

可见鼻出血、牙龈出血、皮肤紫癜、咯血、便血、尿血等全身广泛性出血，可伴有关节疼痛、腹痛、低热等症状。

（2）治疗

① 清除毒物。口服中毒者应及早催吐、用清水洗胃导泻。皮肤污染者用清水彻底冲洗。

② 特效解毒剂。维生素K_1 10～20mg肌内注射。严重者可用维生素K_1 120mg加入葡萄糖溶液中静脉滴注，日总量可达300mg，症状改善后可改用10～20mg肌内注射。维生素K_3、维生素K_4、卡巴克洛、氨甲苯酸等药物无效。

③ 输新鲜血。对出血严重者，可输新鲜血液、新鲜冷冻血浆或凝血酶原复合浓缩物（主要含凝血因子Ⅱ、Ⅶ、Ⅸ、Ⅹ）以迅速止血。

④ 中毒严重者可用肾上腺皮质激素，以降低毛细血管通透性，促进止血，保护血小板和凝血因子。

713. 敌敌畏的中毒与急救

敌敌畏因吸入或误服而中毒。

（1）中毒症状　头晕、头痛、恶心呕吐、腹痛、腹泻、流口水，瞳孔缩小，看东西模糊，大量出汗，呼吸困难。严重者，全身有紧束感，胸部有压缩感，肌肉跳动，动作不自主，发音不清，瞳孔缩小如针尖大或不等大，抽搐、昏迷、大小便失禁，脉搏和呼吸都减慢，最后均停止。

（2）急救措施　①服敌敌畏后应立即彻底洗胃，神志清醒者口服清水或2%小苏打水400～500mL，接着用筷子刺激咽喉部，使其呕吐，反复多次，直至洗出来的液体无敌敌畏味为止。②呼吸困难者吸氧，大量出汗者喝淡盐水，肌肉抽搐可肌内注射安定10mg。及时清理口鼻分泌物，保持呼吸道通畅。③阿托品，轻者0.5～1mg/次皮下注射，隔30min至2h 1次；中度者皮下注射1～2mg/次，隔15～60min 1次；重度者即刻静脉注射2～5mg，以后每次1～2mg，隔15～30min 1次，病情好转可逐渐减量和延长用药间隔时间。氯磷定与阿托品合用，药效有协同作用，可减少阿托品用量。

714. 辛硫磷的中毒与急救

（1）中毒症状　急性中毒多在12h内发病，口服立即发病。轻度：头痛、头昏、恶心、呕吐、多汗、无力、胸闷、视力模糊、胃口不佳等，全血胆碱酯酶活力一般降至正常值的50% ～ 70%。中度：除上述症状外还出现轻度呼吸困难、肌肉震颤、瞳孔缩小、精神恍惚、步态不稳、大汗、流涎、腹疼、腹泻。重者还会出现昏迷、抽搐、呼吸困难、口吐白沫、大小便失禁、惊厥、呼吸麻痹。

（2）急救措施　①用阿托品1 ～ 5mg皮下或静脉注射（按中毒轻重而定）；②用解磷定0.4 ～ 1.2g静脉注射（按中毒轻重而定）；③禁用吗啡、茶碱、吩噻嗪、利血平；④误服立即引吐、洗胃、导泻（注：清醒时才能引吐）。

715. 丙溴磷的中毒与急救

（1）中毒症状　急性中毒多在12h内发病，口服立即发病。轻度：头痛、头昏、恶心、呕吐、多汗、无力、胸闷、视力模糊、胃口不佳等，全血胆碱酯酶活力一般降至正常值的50% ～ 70%。中度：除上述症状外还出现轻度呼吸困难、肌肉震颤、瞳孔缩小、精神恍惚、步态不稳、大汗、流涎、腹疼、腹泻。重者还会出现昏迷、抽搐、呼吸困难、口吐白沫、大小便失禁、惊厥、呼吸麻痹。

（2）急救措施　①用阿托品1 ～ 5mg皮下或静脉注射（按中毒轻重而定）；②用解磷定0.4 ～ 1.2g静脉注射（按中毒轻重而定）；③禁用吗啡、茶碱、吩噻嗪、利血平；④误服立即引吐、洗胃、导泻（注：清醒时才能引吐）。

716. 马拉硫磷的中毒与急救

（1）中毒症状　急性中毒多在12h内发病，口服立即发病。轻度：头痛、头昏、恶心、呕吐、多汗、无力、胸闷、视力模糊、胃口不佳等，全血胆碱酯酶活力一般降至正常值的50%～70%。中度：除上述症状外还出现轻度呼吸困难、肌肉震颤、瞳孔缩小、精神恍惚、步态不稳、大汗、流涎、腹疼、腹泻。重者还会出现昏迷、抽搐、呼吸困难、口吐白沫、大小便失禁、惊厥、呼吸麻痹。

（2）急救措施　①用阿托品1～5mg皮下或静脉注射（按中毒轻重而定）；②用解磷定0.4～1.2g静脉注射（按中毒轻重而定）；③禁用吗啡、茶碱、吩噻嗪、利血平；④误服立即引吐、洗胃、导泻（注：清醒时才能引吐）。

717. 杀虫单的中毒与急救

（1）中毒症状　早期中毒为恶心、四肢发抖，继而全身发抖，流涎，痉挛，呼吸困难，瞳孔放大。

（2）急救措施　如中毒用碱性液体彻底洗胃或冲洗皮肤。毒蕈碱样症状明显者可用阿托品类药物对抗，但注意防止过量。忌用胆碱酯酶复能剂。

718. 高效氯氰菊酯的中毒与急救

（1）中毒症状　属神经毒剂，接触部位皮肤感到刺痛，尤其在口、鼻周围但无红斑。很少引起全身性中毒。接触量大时会引起头痛、头昏、恶心、呕吐、双手颤抖，重者全身抽搐或惊厥、昏迷、休克。

（2）急救措施　①无特殊解毒剂，可对症治疗。②大量吞服时可洗胃。③不能催吐。

719. 高效氯氟氰菊酯的中毒与急救

（1）中毒症状　属神经毒剂，接触部位皮肤感到刺痛，尤其在口、鼻周围，但无红斑。很少引起全身性中毒。接触量大时会引起头痛、头昏、恶心、呕吐、双手颤抖，重者全身抽搐或惊厥、昏迷、休克。

（2）急救措施　①无特殊解毒剂，可对症治疗。②大量吞服时可洗胃。③不能催吐。

720. 氯氰菊酯的中毒与急救

（1）中毒症状　属神经毒剂，接触部位皮肤感到刺痛，但无红斑，尤其在口、鼻周围。很少引起全身性中毒。接触量大时也会引起头痛、头昏、恶心呕吐、双手颤抖，重者抽搐或惊厥、昏迷、休克。

（2）急救措施　①无特殊解毒剂，可对症治疗。②大量吞服时可洗胃。③不能催吐。

721. 敌草快的中毒症状

敌草快的中毒较少见。吞服后立即发病。敌草快对口腔和咽喉也有腐蚀作用。严重病例在数小时内呕吐与腹泻，出现肝功能受损及蛋白尿，代谢性酸中毒、血小板减少和无尿，随之发生抽筋，严重病人在一周内因肾衰和心衰而死亡，如能恢复则通常很彻底。敌草快摄入后不会像百草枯那样发生进行性肺病变。

722. 蜜蜂的中毒急救

首先将蜂群撤离毒物区，同时清除混有毒物的饲料，并立即用1：1的糖浆和甘草水进行补充饲喂。如有机磷农药引起中毒时，每群蜂可用500g蜜水加4mL 1％硫酸阿托品或2mL解磷定加水1～1.5kg，拌匀后饲喂。

参考文献

[1] 徐汉虹. 植物化学保护学[M]. 第5版. 北京：中国农业出版社，2018.

[2] 吴文君，胡兆农，姬志勤. 中国植物源农药研究与应用[M]. 北京：化学工业出版社，2021.

[3] 万树青，李丽春，张瑞明. 农药环境毒理学基础[M]. 北京：化学工业出版社，2021.

[4] 孙家隆，金静，张茹琴. 植物生长调节剂与杀鼠剂卷[M]. 北京：化学工业出版社，2017.

[5] 骆焱平，曾志刚. 新编简明农药使用手册[M]. 北京：化学工业出版社，2016.

[6] 刘长令，刘鹏飞，李淼. 世界农药大全-杀菌剂卷（第二版）[M]. 北京：化学工业出版社，2022.

[7] 刘长令，李淼，吴峤. 世界农药大全-杀虫剂卷（第二版）[M]. 北京：化学工业出版社，2022.

[8] 刘长令，李慧超，芦志成. 世界农药大全-除草剂卷（第二版）[M]. 北京：化学工业出版社，2022.

附录

一、禁限用农药名录

《农药管理条例》规定，农药生产应取得农药登记证和生产许可证，农药经营应取得经营许可证，农药使用应按照标签规定的使用范围、安全间隔期用药，不得超范围用药。剧毒、高毒农药不得用于防治卫生害虫，不得用于蔬菜、瓜果、茶叶、菌类、中草药材的生产，不得用于水生植物的病虫害防治。

1. 禁止（停止）使用的农药（50种）

六六六、滴滴涕、毒杀芬、二溴氯丙烷、杀虫脒、二溴乙烷、除草醚、艾氏剂、狄氏剂、汞制剂、砷类、铅类、敌枯双、氟乙酰胺、甘氟、毒鼠强、氟乙酸钠、毒鼠硅、甲胺磷、对硫磷、甲基对硫磷、久效磷、磷胺、苯线磷、地虫硫磷、甲基硫环磷、磷化钙、磷化镁、磷化锌、硫线磷、蝇毒磷、治螟磷、特丁硫磷、氯磺隆、胺苯磺隆、甲磺隆、福美胂、福美甲胂、三氯杀螨醇、林丹、硫丹、溴甲烷、氟虫胺、杀扑磷、百草枯、2,4-滴丁酯、甲拌磷、甲基异柳磷、水胺硫磷、灭线磷。

注：溴甲烷可用于“检疫熏蒸梳理”。杀扑磷已无制剂登记。甲拌磷、甲基异柳磷、水胺硫磷、灭线磷，自2024年9月1日起禁止销售和使用。

2. 在部分范围禁止使用的农药（20种）

通用名	禁止使用范围
甲拌磷、甲基异柳磷、克百威、水胺硫磷、氧乐果、灭多威、涕灭威、灭线磷	禁止在蔬菜、瓜果、茶叶、菌类、中草药材上使用，禁止用于防治卫生害虫，禁止用于水生植物的病虫害防治
甲拌磷、甲基异柳磷、克百威	禁止在甘蔗作物上使用

续表

通用名	禁止使用范围
内吸磷、硫环磷、氯唑磷	禁止在蔬菜、瓜果、茶叶、中草药材上使用
乙酰甲胺磷、丁硫克百威、乐果	禁止在蔬菜、瓜果、茶叶、菌类和中草药材上使用
毒死蜱、三唑磷	禁止在蔬菜上使用
丁酰肼（比久）	禁止在花生上使用
氰戊菊酯	禁止在茶叶上使用
氟虫腈	禁止在所有农作物上使用（玉米等部分旱田种子包衣除外）
氟苯虫酰胺	禁止在水稻上使用

二、《农药管理条例》

（1997年5月8日中华人民共和国国务院令第216号发布

根据2001年11月29日《国务院关于修改〈农药管理条例〉的决定》第一次修订

2017年2月8日国务院第164次常务会议修订通过

根据2022年3月29日《国务院关于修改和废止部分行政法规的决定》第二次修订）

第一章　总　　则

第一条　为了加强农药管理，保证农药质量，保障农产品质量安全和人畜安全，保护农业、林业生产和生态环境，制定本条例。

第二条　本条例所称农药，是指用于预防、控制危害农业、林业的病、虫、草、鼠和其他有害生物以及有目的地调节植物、昆虫生长的化学合成或者来源于生物、其他天然物质的一种物质或者几种物质的混合物及其制剂。

前款规定的农药包括用于不同目的、场所的下列各类：

（一）预防、控制危害农业、林业的病、虫（包括昆虫、蜱、螨）、草、鼠、软体动物和其他有害生物；

（二）预防、控制仓储以及加工场所的病、虫、鼠和其他有害生物；

（三）调节植物、昆虫生长；

（四）农业、林业产品防腐或者保鲜；

（五）预防、控制蚊、蝇、蜚蠊、鼠和其他有害生物；

（六）预防、控制危害河流堤坝、铁路、码头、机场、建筑物和其他场所的有害生物。

第三条 国务院农业主管部门负责全国的农药监督管理工作。

县级以上地方人民政府农业主管部门负责本行政区域的农药监督管理工作。

县级以上人民政府其他有关部门在各自职责范围内负责有关的农药监督管理工作。

第四条 县级以上地方人民政府应当加强对农药监督管理工作的组织领导，将农药监督管理经费列入本级政府预算，保障农药监督管理工作的开展。

第五条 农药生产企业、农药经营者应当对其生产、经营的农药的安全性、有效性负责，自觉接受政府监管和社会监督。

农药生产企业、农药经营者应当加强行业自律，规范生产、经营行为。

第六条 国家鼓励和支持研制、生产、使用安全、高效、经济的农药，推进农药专业化使用，促进农药产业升级。

对在农药研制、推广和监督管理等工作中作出突出贡献的单位和个人，按照国家有关规定予以表彰或者奖励。

第二章 农药登记

第七条 国家实行农药登记制度。农药生产企业、向中国出口农药的企业应当依照本条例的规定申请农药登记，新农药研制者可以依照本条例的规定申请农药登记。

国务院农业主管部门所属的负责农药检定工作的机构负责农药登记具体工作。省、自治区、直辖市人民政府农业主管部门所属的负责农药检定工作的机构协助做好本行政区域的农药登记具体工作。

第八条 国务院农业主管部门组织成立农药登记评审委员会，负责农药登记评审。

农药登记评审委员会由下列人员组成:

（一）国务院农业、林业、卫生、环境保护、粮食、工业行业管理、安全生产监督管理等有关部门和供销合作总社等单位推荐的农药产品化学、药效、毒理、残留、环境、质量标准和检测等方面的专家;

（二）国家食品安全风险评估专家委员会的有关专家;

（三）国务院农业、林业、卫生、环境保护、粮食、工业行业管理、安全生产监督管理等有关部门和供销合作总社等单位的代表。

农药登记评审规则由国务院农业主管部门制定。

第九条 申请农药登记的，应当进行登记试验。

农药的登记试验应当报所在地省、自治区、直辖市人民政府农业主管部门备案。

第十条 登记试验应当由国务院农业主管部门认定的登记试验单位按照国务院农业主管部门的规定进行。

与已取得中国农药登记的农药组成成分、使用范围和使用方法相同的农药，免予残留、环境试验，但已取得中国农药登记的农药依照本条例第十五条的规定在登记资料保护期内的，应当经农药登记证持有人授权同意。

登记试验单位应当对登记试验报告的真实性负责。

第十一条 登记试验结束后，申请人应当向所在地省、自治区、直辖市人民政府农业主管部门提出农药登记申请，并提交登记试验报告、标签样张和农药产品质量标准及其检验方法等申请资料；申请新农药登记的，还应当提供农药标准品。

省、自治区、直辖市人民政府农业主管部门应当自受理申请之日起20个工作日内提出初审意见，并报送国务院农业主管部门。

向中国出口农药的企业申请农药登记的，应当持本条第一款规定的资料、农药标准品以及在有关国家（地区）登记、使用的证明材料，向国务院农业主管部门提出申请。

第十二条 国务院农业主管部门受理申请或者收到省、自治区、直辖市人民政府农业主管部门报送的申请资料后，应当组织审查和登记评审，并自收到评审意见之日起20个工作日内作出审批决定，符合条件的，核发农药登记证；不符合条件的，书面通知申请人并说明理由。

第十三条 农药登记证应当载明农药名称、剂型、有效成分及其含量、毒性、使用范围、使用方法和剂量、登记证持有人、登记证号以及有效期等事项。

农药登记证有效期为5年。有效期届满，需要继续生产农药或者向中国出口农药的，农药登记证持有人应当在有效期届满90日前向国务院农业主管部门申请延续。

农药登记证载明事项发生变化的，农药登记证持有人应当按照国务院农业主管部门的规定申请变更农药登记证。

国务院农业主管部门应当及时公告农药登记证核发、延续、变更情况以及有关的农药产品质量标准号、残留限量规定、检验方法、经核准的标签等信息。

第十四条 新农药研制者可以转让其已取得登记的新农药的登记资料；农药生产企业可以向具有相应生产能力的农药生产企业转让其已取得登记的农药的登记资料。

第十五条 国家对取得首次登记的、含有新化合物的农药的申请人提交的其自己所取得且未披露的试验数据和其他数据实施保护。

自登记之日起6年内，对其他申请人未经已取得登记的申请人同意，使用前款规定的数据申请农药登记的，登记机关不予登记；但是，其他申请人提交其自己所取得的数据的除外。

除下列情况外，登记机关不得披露本条第一款规定的数据：

（一）公共利益需要；

（二）已采取措施确保该类信息不会被不正当地进行商业使用。

第三章 农药生产

第十六条 农药生产应当符合国家产业政策。国家鼓励和支持农药生产企业采用先进技术和先进管理规范，提高农药的安全性、有效性。

第十七条 国家实行农药生产许可制度。农药生产企业应当具备下列条件，并按照国务院农业主管部门的规定向省、自治区、直辖市人民政府农业主管部门申请农药生产许可证：

（一）有与所申请生产农药相适应的技术人员；

（二）有与所申请生产农药相适应的厂房、设施；

（三）有对所申请生产农药进行质量管理和质量检验的人员、仪器和设备；

（四）有保证所申请生产农药质量的规章制度。

省、自治区、直辖市人民政府农业主管部门应当自受理申请之日起20个工作日内作出审批决定，必要时应当进行实地核查。符合条件的，核发农药生产许可证；不符合条件的，书面通知申请人并说明理由。

安全生产、环境保护等法律、行政法规对企业生产条件有其他规定的，农药生产企业还应当遵守其规定。

第十八条 农药生产许可证应当载明农药生产企业名称、住所、法定代表人（负责人）、生产范围、生产地址以及有效期等事项。

农药生产许可证有效期为5年。有效期届满，需要继续生产农药的，农药生产企业应当在有效期届满90日前向省、自治区、直辖市人民政府农业主管部门申请延续。

农药生产许可证载明事项发生变化的，农药生产企业应当按照国务院农业主管部门的规定申请变更农药生产许可证。

第十九条 委托加工、分装农药的，委托人应当取得相应的农药登记证，受托人应当取得农药生产许可证。

委托人应当对委托加工、分装的农药质量负责。

第二十条 农药生产企业采购原材料，应当查验产品质量检验合格证和有关许可证明文件，不得采购、使用未依法附具产品质量检验合格证、未依法取得有关许可证明文件的原材料。

农药生产企业应当建立原材料进货记录制度，如实记录原材料的名称、有关许可证明文件编号、规格、数量、供货人名称及其联系方式、进货日期等内容。原材料进货记录应当保存2年以上。

第二十一条 农药生产企业应当严格按照产品质量标准进行生产，确保农药产品与登记农药一致。农药出厂销售，应当经质量检验合格并附具产品质量检验合格证。

农药生产企业应当建立农药出厂销售记录制度，如实记录农药的名称、规格、数量、生产日期和批号、产品质量检验信息、购货人名称及其联系方式、销售日期等内容。农药出厂销售记录应当保存2年以上。

第二十二条 农药包装应当符合国家有关规定，并印制或者贴有标签。国家鼓励农药生产企业使用可回收的农药包装材料。

农药标签应当按照国务院农业主管部门的规定，以中文标注农药的名称、剂型、有效成分及其含量、毒性及其标识、使用范围、使用方法和剂量、使用技术要求和注意事项、生产日期、可追溯电子信息码等内容。

剧毒、高毒农药以及使用技术要求严格的其他农药等限制使用农药的标签还应当标注“限制使用”字样，并注明使用的特别限制和特殊要求。用于食用农产品的农药的标签还应当标注安全间隔期。

第二十三条 农药生产企业不得擅自改变经核准的农药的标签内容，不得在农药的标签中标注虚假、误导使用者的内容。

农药包装过小，标签不能标注全部内容的，应当同时附具说明书，说明书的内容应当与经核准的标签内容一致。

第四章 农药经营

第二十四条 国家实行农药经营许可制度，但经营卫生用农药的除外。农药经营者应当具备下列条件，并按照国务院农业主管部门的规定向县级以上地方人民政府农业主管部门申请农药经营许可证：

（一）有具备农药和病虫害防治专业知识，熟悉农药管理规定，能够指导安全合理使用农药的经营人员；

（二）有与其他商品以及饮用水水源、生活区域等有效隔离的营业场所和仓储场所，并配备与所申请经营农药相适应的防护设施；

（三）有与所申请经营农药相适应的质量管理、台账记录、安全防护、应急处置、仓储管理等制度。

经营限制使用农药的，还应当配备相应的用药指导和病虫害防治专业技术人员，并按照所在地省、自治区、直辖市人民政府农业主管部门的规定实行定点经营。

县级以上地方人民政府农业主管部门应当自受理申请之日起20个工作日内作出审批决定。符合条件的，核发农药经营许可证；不符合条件的，书面通知申请人并说明理由。

第二十五条 农药经营许可证应当载明农药经营者名称、住所、负责人、经营范围以及有效期等事项。

农药经营许可证有效期为5年。有效期届满，需要继续经营农药的，农药经营者应当在有效期届满90日前向发证机关申请延续。

农药经营许可证载明事项发生变化的，农药经营者应当按照国务院农业主管部门的规定申请变更农药经营许可证。

取得农药经营许可证的农药经营者设立分支机构的，应当依法申请变更农药经营许可证，并向分支机构所在地县级以上地方人民政府农业主管部门备案，其分支机构免予办理农药经营许可证。农药经营者应当对其分支机构的经营活动负责。

第二十六条 农药经营者采购农药应当查验产品包装、标签、产品质量检验合格证以及有关许可证明文件，不得向未取得农药生产许可证的农药生产企业或者未取得农药经营许可证的其他农药经营者采购农药。

农药经营者应当建立采购台账，如实记录农药的名称、有关许可证明文件编号、规格、数量、生产企业和供货人名称及其联系方式、进货日期等内容。采购台账应当保存2年以上。

第二十七条 农药经营者应当建立销售台账，如实记录销售农药的名称、规格、数量、生产企业、购买人、销售日期等内容。销售台账应当保存2年以上。

农药经营者应当向购买人询问病虫害发生情况并科学推荐农药，必要时应当实地查看病虫害发生情况，并正确说明农药的使用范围、使用方法和剂量、使用技术要求和注意事项，不得误导购买人。

经营卫生用农药的，不适用本条第一款、第二款的规定。

第二十八条 农药经营者不得加工、分装农药，不得在农药中添加任何物质，不得采购、销售包装和标签不符合规定，未附具产品质量检验合格证，未取得有关许可证明文件的农药。

经营卫生用农药的，应当将卫生用农药与其他商品分柜销售；经营其他农药的，不得在农药经营场所内经营食品、食用农产品、饲料等。

第二十九条 境外企业不得直接在中国销售农药。境外企业在中国销售农药的，应当依法在中国设立销售机构或者委托符合条件的中国代理机构销售。

向中国出口的农药应当附具中文标签、说明书，符合产品质量标准，并经出入境检验检疫部门依法检验合格。禁止进口未取得农药登记证的农药。

办理农药进出口海关申报手续，应当按照海关总署的规定出示相关证明文件。

第五章 农药使用

第三十条 县级以上人民政府农业主管部门应当加强农药使用指导、服务工作，建立健全农药安全、合理使用制度，并按照预防为主、综合防治的要求，组织推广农药科学使用技术，规范农药使用行为。林业、粮食、卫生等部门应当加强对林业、储粮、卫生用农药安全、合理使用的技术指导，环境保护主管部门应当加强对农药使用过程中环境保护和污染防治的技术指导。

第三十一条 县级人民政府农业主管部门应当组织植物保护、农业技术推广等机构向农药使用者提供免费技术培训，提高农药安全、合理使用水平。

国家鼓励农业科研单位、有关学校、农民专业合作社、供销合作社、农业社会化服务组织和专业人员为农药使用者提供技术服务。

第三十二条 国家通过推广生物防治、物理防治、先进施药器械等措施，逐步减少农药使用量。

县级人民政府应当制定并组织实施本行政区域的农药减量计划；对实施农药减量计划、自愿减少农药使用量的农药使用者，给予鼓励和扶持。

县级人民政府农业主管部门应当鼓励和扶持设立专业化病虫害防治服务组织，并对专业化病虫害防治和限制使用农药的配药、用药进行指导、规范和管理，提高病虫害防治水平。

县级人民政府农业主管部门应当指导农药使用者有计划地轮换使用农药，减缓危害农业、林业的病、虫、草、鼠和其他有害生物的抗药性。

乡、镇人民政府应当协助开展农药使用指导、服务工作。

第三十三条 农药使用者应当遵守国家有关农药安全、合理使用制度，妥善保管农药，并在配药、用药过程中采取必要的防护措施，避免发生农药使用事故。

限制使用农药的经营者应当为农药使用者提供用药指导，并逐步提供统一用药服务。

第三十四条 农药使用者应当严格按照农药的标签标注的使用范围、使用方法和剂量、使用技术要求和注意事项使用农药，不得扩大使用范围、加大用药剂量或者改变使用方法。

农药使用者不得使用禁用的农药。

标签标注安全间隔期的农药，在农产品收获前应当按照安全间隔期的要求停止使用。

剧毒、高毒农药不得用于防治卫生害虫，不得用于蔬菜、瓜果、茶叶、菌类、中草药材的生产，不得用于水生植物的病虫害防治。

第三十五条 农药使用者应当保护环境，保护有益生物和珍稀物种，不得在饮用水水源保护区、河道内丢弃农药、农药包装物或者清洗施药器械。

严禁在饮用水水源保护区内使用农药，严禁使用农药毒鱼、虾、鸟、兽等。

第三十六条 农产品生产企业、食品和食用农产品仓储企业、专业化病虫害防治服务组织和从事农产品生产的农民专业合作社等应当建立农药使用记录，如实记录使用农药的时间、地点、对象以及农药名称、用量、生产企业等。农药使用记录应当保存2年以上。

国家鼓励其他农药使用者建立农药使用记录。

第三十七条 国家鼓励农药使用者妥善收集农药包装物等废弃物；农药生产企业、农药经营者应当回收农药废弃物，防止农药污染环境和农药中毒事故的发生。具体办法由国务院环境保护主管部门会同国务院农业主管部门、国务院财政部门等部门制定。

第三十八条 发生农药使用事故，农药使用者、农药生产企业、农药经营者和其他有关人员应当及时报告当地农业主管部门。

接到报告的农业主管部门应当立即采取措施，防止事故扩大，同时通知有关部门采取相应措施。造成农药中毒事故的，由农业主管部门和公安机关依照职责权限组织调查处理，卫生主管部门应当按照国家有关规定立即对受到伤害的人员组织医疗救治；造成环境污染事故的，由环境保护等有关部门依法组织调查处理；造成储粮药剂使用事故和农作物药害事故的，分别由粮食、农业等部门组织技术鉴定和调查处理。

第三十九条 因防治突发重大病虫害等紧急需要，国务院农业主管部门可以决定临时生产、使用规定数量的未取得登记或者禁用、限制使用的农药，必要时应当会同国务院对外贸易主管部门决定临时限制出口或者临时进口规定数量、品种的农药。

前款规定的农药，应当在使用地县级人民政府农业主管部门的监督和指导下使用。

第六章　监督管理

第四十条 县级以上人民政府农业主管部门应当定期调查统计农药生产、销售、使用情况，并及时通报本级人民政府有关部门。

县级以上地方人民政府农业主管部门应当建立农药生产、经营诚信档案并予以公布；发现违法生产、经营农药的行为涉嫌犯罪的，应当依法移送公安机关查处。

第四十一条 县级以上人民政府农业主管部门履行农药监督管理职责，可以依法采取下列措施：

（一）进入农药生产、经营、使用场所实施现场检查；

（二）对生产、经营、使用的农药实施抽查检测；

（三）向有关人员调查了解有关情况；

（四）查阅、复制合同、票据、账簿以及其他有关资料；

（五）查封、扣押违法生产、经营、使用的农药，以及用于违法生产、经营、使用农药的工具、设备、原材料等；

（六）查封违法生产、经营、使用农药的场所。

第四十二条 国家建立农药召回制度。农药生产企业发现其生产的农药对农业、林业、人畜安全、农产品质量安全、生态环境等有严重危害或者较大风险的，应当立即停止生产，通知有关经营者和使用者，向所在地农业主管部门报告，主动召回产品，并记录通知和召回情况。

农药经营者发现其经营的农药有前款规定的情形的，应当立即停止销售，通知有关生产企业、供货人和购买人，向所在地农业主管部门报告，并记录停止销售和通知情况。

农药使用者发现其使用的农药有本条第一款规定的情形的，应当立即停止使用，通知经营者，并向所在地农业主管部门报告。

第四十三条 国务院农业主管部门和省、自治区、直辖市人民政府农业主管部门应当组织负责农药检定工作的机构、植物保护机构对已登记农药的安全性和有效性进行监测。

发现已登记农药对农业、林业、人畜安全、农产品质量安全、生态环境等有严重危害或者较大风险的，国务院农业主管部门应当组织农药登记评审委员会进行评审，根据评审结果撤销、变更相应的农药登记证，必要时应当决定禁用或者限制使用并予以公告。

第四十四条 有下列情形之一的，认定为假农药：

（一）以非农药冒充农药；

（二）以此种农药冒充他种农药；

（三）农药所含有效成分种类与农药的标签、说明书标注的有效成分不符。

禁用的农药，未依法取得农药登记证而生产、进口的农药，以及未附具标签的农药，按照假农药处理。

第四十五条 有下列情形之一的，认定为劣质农药：

（一）不符合农药产品质量标准；

（二）混有导致药害等有害成分。

超过农药质量保证期的农药，按照劣质农药处理。

第四十六条 假农药、劣质农药和回收的农药废弃物等应当交由具有危险废物经营资质的单位集中处置，处置费用由相应的农药生产企业、农药经营者承担；农药生产企业、农药经营者不明确的，处置费用由所在地县级人民政府财政列支。

第四十七条 禁止伪造、变造、转让、出租、出借农药登记证、农药生产许可证、农药经营许可证等许可证明文件。

第四十八条 县级以上人民政府农业主管部门及其工作人员和负责农药检定工作的机构及其工作人员，不得参与农药生产、经营活动。

第七章 法律责任

第四十九条 县级以上人民政府农业主管部门及其工作人员有下列行为之一的，由本级人民政府责令改正；对负有责任的领导人员和直接责任人员，依法给予处分；负有责任的领导人员和直接责任人员构成犯罪的，依法追究刑事责任：

（一）不履行监督管理职责，所辖行政区域的违法农药生产、经营活动造成重大损失或者恶劣社会影响；

（二）对不符合条件的申请人准予许可或者对符合条件的申请人拒不准予许可；

（三）参与农药生产、经营活动；

（四）有其他徇私舞弊、滥用职权、玩忽职守行为。

第五十条 农药登记评审委员会组成人员在农药登记评审中谋取不正当利益的，由国务院农业主管部门从农药登记评审委员会除名；属于国家工作人员的，依法给予处分；构成犯罪的，依法追究刑事责任。

第五十一条 登记试验单位出具虚假登记试验报告的，由省、自治区、直辖市人民政府农业主管部门没收违法所得，并处5万元以上10万元以下罚款；由国务院农业主管部门从登记试验单位中除名，5年内不再受理其登记试验单位认定申请；构成犯罪的，依法追究刑事责任。

第五十二条 未取得农药生产许可证生产农药或者生产假农药的，由县级以上地方人民政府农业主管部门责令停止生产，没收违法所得、违法生产的产品和用于违法生产的工具、设备、原材料等，违法生产的产品货值金额不足1万元的，并处5万元以上10万元以下罚款，货值金额1万元以上的，并处货值金额10倍以上20倍以下罚款，由发证机关吊销农药生产许可证和相应的农药登记证；构成犯罪的，依法追究刑事责任。

取得农药生产许可证的农药生产企业不再符合规定条件继续生产农药的，由县级以上地方人民政府农业主管部门责令限期整改；逾期拒不整改或者整改后仍不符合规定条件的，由发证机关吊销农药生产许可证。

农药生产企业生产劣质农药的，由县级以上地方人民政府农业主管部门责令停止生产，没收违法所得、违法生产的产品和用于违法生产的工具、设备、原材料等，违法生产的产品货值金额不足1万元的，并处1万元以上5万元以下罚款，货值金额1万元以上的，并处货值金额5倍以上10倍以下罚款；情节严重的，由发证机关吊销农药生产许可证和相应的农药登记证；构成犯罪的，依法追究刑事责任。

委托未取得农药生产许可证的受托人加工、分装农药，或者委托加工、分装假农药、劣质农药的，对委托人和受托人均依照本条第一款、第三款的规定处罚。

第五十三条 农药生产企业有下列行为之一的，由县级以上地方人民政府农业主管部门责令改正，没收违法所得、违法生产的产品和用于违法生产的原材料等，违法生产的产品货值金额不足1万元的，并处1万元以上2万元以下罚款，货值金额1万元以上的，并处货值金额2倍以上5倍以下罚款；拒不改正或者情节严重的，由发证机关吊销农药生产许可证和相应的农药登记证：

（一）采购、使用未依法附具产品质量检验合格证、未依法取得有关许可证明文件的原材料；

（二）出厂销售未经质量检验合格并附具产品质量检验合格证的农药；

（三）生产的农药包装、标签、说明书不符合规定；

（四）不召回依法应当召回的农药。

第五十四条 农药生产企业不执行原材料进货、农药出厂销售记录制度，或者不履行农药废弃物回收义务的，由县级以上地方人民政府农业主管部门责令改正，处1万元以上5万元以下罚款；拒不改正或者情节严重的，由发证机关吊销农药生产许可证和相应的农药登记证。

第五十五条 农药经营者有下列行为之一的，由县级以上地方人民政府农业主管部门责令停止经营，没收违法所得、违法经营的农药和用于违法经营的工具、设备等，违法经营的农药货值金额不足1万元的，并处5000元以上5万元以下罚款，货值金额1万元以上的，并处货值金额5倍以上10倍以下罚款；构成犯罪的，依法追究刑事责任：

（一）违反本条例规定，未取得农药经营许可证经营农药；

（二）经营假农药；

（三）在农药中添加物质。

有前款第二项、第三项规定的行为，情节严重的，还应当由发证机关吊销农药经营许可证。

取得农药经营许可证的农药经营者不再符合规定条件继续经营农药的，由县级以上地方人民政府农业主管部门责令限期整改；逾期拒不整改或者整改后仍不符合规定条件的，由发证机关吊销农药经营许可证。

第五十六条 农药经营者经营劣质农药的，由县级以上地方人民政府农业主管部门责令停止经营，没收违法所得、违法经营的农药和用于违法经营的工具、设备等，违法经营的农药货值金额不足1万元的，并处2000元以上2万元以下罚款，货值金额1万元以上的，并处货值金额2倍以上5倍以下罚款；情节严重的，由发证机关吊销农药经营许可证；构成犯罪的，依法追究刑事责任。

第五十七条 农药经营者有下列行为之一的，由县级以上地方人民政府农业主管部门责令改正，没收违法所得和违法经营的农药，并处5000元以上5万元以下罚款；拒不改正或者情节严重的，由发证机关吊销农药经营许可证：

（一）设立分支机构未依法变更农药经营许可证，或者未向分支机构所在地县级以上地方人民政府农业主管部门备案；

（二）向未取得农药生产许可证的农药生产企业或者未取得农药经营许可证的其他农药经营者采购农药；

（三）采购、销售未附具产品质量检验合格证或者包装、标签不符合规定的农药；

（四）不停止销售依法应当召回的农药。

第五十八条 农药经营者有下列行为之一的，由县级以上地方人民政府农业主管部门责令改正；拒不改正或者情节严重的，处2000元以上2万元以下罚款，并由发证机关吊销农药经营许可证：

（一）不执行农药采购台账、销售台账制度；

（二）在卫生用农药以外的农药经营场所内经营食品、食用农产品、饲料等；

（三）未将卫生用农药与其他商品分柜销售；

（四）不履行农药废弃物回收义务。

第五十九条 境外企业直接在中国销售农药的，由县级以上地方人民政府农业主管部门责令停止销售，没收违法所得、违法经营的农药和用于违法经营的工具、设备等，违法经营的农药货值金额不足5万元的，并处5万元以上50万元以下罚款，货值金额5万元以上的，并处货值金额10倍以上20倍以下罚款，由发证机关吊销农药登记证。

取得农药登记证的境外企业向中国出口劣质农药情节严重或者出口假农药的，由国务院农业主管部门吊销相应的农药登记证。

第六十条 农药使用者有下列行为之一的，由县级人民政府农业主管部门责令改正，农药使用者为农产品生产企业、食品和食用农产品仓储企业、专业化病虫害防治服务组织和从事农产品生产的农民专业合作社等单位的，处5万元以上10万元以下罚款，农药使用者为个人的，处1万元以下罚款；构成犯罪的，依法追究刑事责任：

（一）不按照农药的标签标注的使用范围、使用方法和剂量、使用技术要求和注意事项、安全间隔期使用农药；

（二）使用禁用的农药；

（三）将剧毒、高毒农药用于防治卫生害虫，用于蔬菜、瓜果、茶叶、菌类、中草药材生产或者用于水生植物的病虫害防治；

（四）在饮用水水源保护区内使用农药；

（五）使用农药毒鱼、虾、鸟、兽等；

（六）在饮用水水源保护区、河道内丢弃农药、农药包装物或者清洗施药器械。

有前款第二项规定的行为的，县级人民政府农业主管部门还应当没收禁用的农药。

第六十一条 农产品生产企业、食品和食用农产品仓储企业、专业化病虫害防治服务组织和从事农产品生产的农民专业合作社等不执行农药使用记录制度的，由县级人民政府农业主管部门责令改正；拒不改正或者情节严重的，处2000元以上2万元以下罚款。

第六十二条 伪造、变造、转让、出租、出借农药登记证、农药生产许可证、农药经营许可证等许可证明文件的，由发证机关收缴或者予以吊销，没收违法所得，并处1万元以上5万元以下罚款；构成犯罪的，依法追究刑事责任。

第六十三条 未取得农药生产许可证生产农药，未取得农药经营许可证经营农药，或者被吊销农药登记证、农药生产许可证、农药经营许可证的，其直接负责的主管人员10年内不得从事农药生产、经营活动。

农药生产企业、农药经营者招用前款规定的人员从事农药生产、经营活动的，由发证机关吊销农药生产许可证、农药经营许可证。

被吊销农药登记证的，国务院农业主管部门5年内不再受理其农药登记申请。

第六十四条 生产、经营的农药造成农药使用者人身、财产损害的，农药使用者可以向农药生产企业要求赔偿，也可以向农药经营者要求赔偿。属于农药生产企业责任的，农药经营者赔偿后有权向农药生产企业追偿；属于农药经营者责任的，农药生产企业赔偿后有权向农药经营者追偿。

第八章　附　　则

第六十五条　申请农药登记的，申请人应当按照自愿有偿的原则，与登记试验单位协商确定登记试验费用。

第六十六条　本条例自2017年6月1日起施行。